Muzzaffar Bhat

Avanços na química do organo-telúrio e do organo-telúrio híbrido

Muzzaffar Bhat

Avanços na química do organo-telúrio e do organo-telúrio híbrido

ScienciaScripts

Imprint
Any brand names and product names mentioned in this book are subject to trademark, brand or patent protection and are trademarks or registered trademarks of their respective holders. The use of brand names, product names, common names, trade names, product descriptions etc. even without a particular marking in this work is in no way to be construed to mean that such names may be regarded as unrestricted in respect of trademark and brand protection legislation and could thus be used by anyone.

Cover image: www.ingimage.com

This book is a translation from the original published under ISBN 978-3-659-56448-2.

Publisher:
Sciencia Scripts
is a trademark of
Dodo Books Indian Ocean Ltd. and OmniScriptum S.R.L publishing group

120 High Road, East Finchley, London, N2 9ED, United Kingdom
Str. Armeneasca 28/1, office 1, Chisinau MD-2012, Republic of Moldova, Europe
Printed at: see last page
ISBN: 978-620-7-92233-8

ÍNDICE

1.1. Introdução

O, S, Se, Te e Po constituem os elementos mais pesados do grupo 16 da tabela periódica e são por vezes designados por calcogénios. Estes calcogénios apresentam diferenças nas suas propriedades químicas que são paralelas às observadas noutros elementos não metálicos dos grupos 14-18. Assim, o oxigénio, tal como outros membros da família do segundo período, tem características únicas que se baseiam na sua elevada eletronegatividade e na ausência de electrões d, desempenhando um papel proeminente nas ligações de hidrogénio. Os elementos enxofre e selénio partilham semelhanças notáveis nas suas propriedades químicas com outros pares de elementos do terceiro e quarto períodos. Ao passar para o quinto período, ou seja, o telúrio no grupo 16, observa-se outro salto nas propriedades. Este padrão global reflecte alterações nas suas propriedades físicas.

Após a descoberta inicial do elemento telúrio (por F.J. Muller Von Reichstein, 1783) e a subsequente descoberta do selénio[1] (por John J. Berzelius, 1817), a química orgânica do selénio e do telúrio desenvolveu-se muito lentamente durante o período pioneiro[2-5] . As investigações foram dificultadas pelo facto de os compostos terem frequentemente um cheiro desagradável, serem tóxicos e sensíveis ao ar e à luz. Muitos dos compostos preparados eram de baixa pureza e vários relatórios sobre o isolamento de novos compostos não se justificavam. Nas primeiras fases de desenvolvimento, os compostos de calcogénios mais pesados não conseguiam alcançar uma importância igual à dos seus congéneres mais leves, como o oxigénio e o enxofre, devido à crença generalizada de que estes compostos eram tóxicos. O interesse na utilização de derivados de organocalcogénios intensificou-se a partir da década de 1970, quando os novos métodos sintéticos e os equipamentos analíticos modernos tornaram possível preparar derivados com maior rendimento e pureza e isolar compostos de baixa estabilidade[6-9] .

O desenvolvimento da compreensão e do interesse pela química destes elementos foi revisto a intervalos adequados durante os últimos 20 anos. Em geral, o interesse crescente pela química dos calcogénios, incluindo os ligandos que contêm telúrio e selénio, parece dever-se às seguintes razões:

1.2. Utilizações do telúrio

1.   Aplicações de compostos organo-telúricos na conceção de novas metodologias de síntese orgânica[10,11] .

2.   A possível utilidade dos compostos de organotelúrio e dos complexos metálicos de ligandos Te no fabrico de novos materiais electrónicos, como os semicondutores II-V[12-14] .

3.   [125]O isótopo Te tem uma abundância de cerca de 7% e o seu spin nuclear = ½. Por conseguinte, com um instrumento moderno de RMN FT,[125] Te NMR pode ser registado por rotina. Assim, o comportamento da ligação metal-telúrio ou de outras moléculas de telúrio em solução pode ser facilmente monitorizado.

4.   Na medicina nuclear[15] e na fotoimagem[16,17] , é monitorizada a utilização de compostos de organotélio.

5.   Os compostos de telúrio, em especial os seus complexos com dadores de enxofre, são utilizados como estabilizadores de materiais poliméricos[18] .

6.   Os compostos de telúrio[19] inibem a atividade da cisteína protease e os teluretos de alquinilo revelam uma atividade antidepressiva promissora que pode encontrar aplicações na conceção de medicamentos[20] .

7.   O telúrio aumenta a dureza e a resistência da borracha à abrasão. O revestimento de mangueiras e os isoladores eléctricos que contêm telúrio são atualmente fabricados em pequena escala. Os compostos de telúrio têm sido utilizados como corantes e podem também ser utilizados em obturações dentárias quando ligados com prata e ouro[21] .

8.   O telúrio é utilizado nas fábricas de zinco eletrolítico para remover o cobalto pelo processo tainton, mas como as lamas brutas contendo telúrio parecem ser igualmente eficazes[21] .

9.   O telúrio elementar tem sido utilizado para tonalizar trabalhos fotográficos de impressão, nomeadamente impressões em prata[21] .

10.   Recentemente, foi descoberto um novo composto organotelúrio (RT-01), de

fórmula empírica (C13H22N$^+$ .C3H3Cl4OTe$^-$) com a estrutura

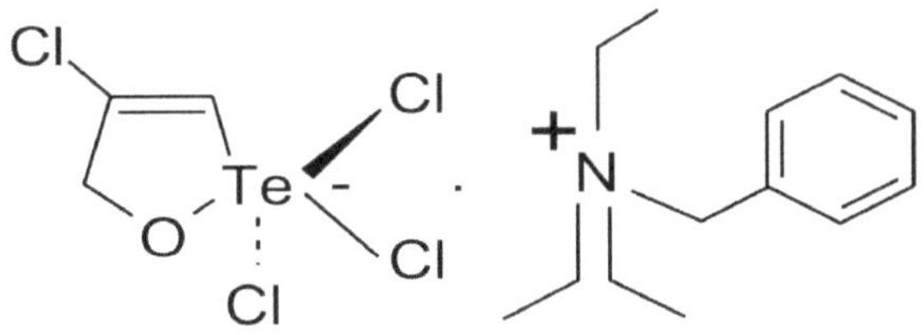

foi identificado como um novo agente antileishmanial. É de salientar que o tratamento com RT-01 produz um efeito semelhante ao da glucantime, um medicamento antimonial de referência[22] .

1.3. Utilizações do selénio

1. Os compostos de selénio têm sido utilizados para a preservação da madeira, também têm sido utilizados para tecidos à prova de fogo, madeira e outros materiais inflamáveis[21] .

2. A dietilselenida foi proposta como agente antidetonante para a gasolina[21] .

3. O selénio tem uma aplicação limitada como fungicida e germicida para plantas e animais[21] .

4. A atividade catalítica da polifenilselenida dendrimérica foi desenvolvida[23] .

5. Na deposição de vapor químico orgânico metálico (MOCVD) para sintetizar películas finas de alta qualidade[13, 24-27] , pode também ser utilizado como supercondutor orgânico[28-30] .

6. Em química biológica.

7. As arenas aza-calix[3] suportadas em calcogénio são ideais para a deteção selectiva de iões UO_2^{2+}[31] . As moléculas de organosselénio estericamente sobrecarregadas são concebidas para ligar iões metálicos tóxicos para o ambiente[32] , como quimiossensores fluoroscentes[33] para Cu^{2+} e Hg^{2+} .

8. Como nanopartículas luminescentes de seleneto de metal[34] .

9. Para estudar a anisotropia das propriedades magnéticas[35] de $CsYbZnSe_3$.

10. Em estudos termodinâmicos, cinéticos e computacionais de calcogénios mais pesados[36] .

11. Na conceção de novas metodologias de síntese orgânica[37] .

12. Complexos de seleneto de dimetilo de halogenetos de Cu, Ga e In como potenciais precursores de materiais semicondutores de calcopirite com selénio[38] .

1.4. História experimental e sintética inicial

Simultaneamente, cresceu o interesse pela sua química física e analítica e começou a surgir uma compreensão mais sistemática das suas estruturas e reacções[39-41] . Como seria de esperar, a química dos compostos de selénio apresenta uma semelhança superficial com a dos compostos de enxofre e telúrio, devido à "personalidade esquizofrénica" caraterística do selénio (comportando-se como metal não metálico e metal não metálico). Uma análise mais aprofundada da literatura revela uma individualidade fascinante entre os calcogénios. Por conseguinte, existe uma necessidade evidente de discutir não só as suas semelhanças, mas também as suas diferenças. As diferenças de reatividade entre a funcionalidade dos calcogénios podem ser percebidas na sua conceção e modificações estruturais.

Os ligandos organocalcogénios podem atuar como dadores neutros ou aniónicos monodentados, bidentados ou multidentados para vários centros metálicos e organometálicos, dependendo da escolha do ligando[42,43] . As vias utilizadas para sintetizar os ligandos monodentados R2Se e RR'Se foram discutidas em pormenor em vários artigos de revisão e foram também descritas algumas vias fundamentalmente novas[44-46] . Nos últimos anos, muitos ligandos organocalcogénios simples (incluindo M2E, Et2E, Ar2E) e precursores relacionados RE-ER tornaram-se comercialmente disponíveis. Vários agentes redutores como NaBH4, LiAlH4, BEt3H- ou RLi, que são solúveis em meio orgânico, incentivaram a sua utilização em vez de reagentes tradicionais como Na/liq.NH3 ou Rongalite (NaO2SCH2OH) na produção das novas espécies organocalcogénicas.

Os átomos de calcogénio desempenham uma função notável através das suas propriedades electronegativas, conjugativas e estéricas únicas para afetar as propriedades de doação e aceitação de electrões das moléculas doadoras e aceitadoras que os contêm.

Atualmente, a maior parte dos esforços de investigação no domínio dos metais orgânicos são dedicados à conceção e síntese de metais orgânicos que incorporam átomos de calcogénio pesados nos seus componentes dadores e receptores.

A química biológica do selénio e dos seus compostos foi também estudada em grande pormenor. O selénio, que se pensava ser um elemento cujos compostos eram tóxicos e sem significado bioquímico, é agora considerado um micronutriente essencial nos sistemas vivos. Desde que se descobriu que o selénio é um centro ativo da glutatião peroxidase, tem havido um interesse crescente no domínio da enzimologia e da química bio-orgânica do selénio. A glutationa peroxidase (GPx) é uma selenoenzima bem conhecida que catalisa e decompõe os hidroperóxidos lipídicos ou peróxidos de hidrogénio e é necessária para o bom funcionamento do sistema imunitário e para a defesa celular contra os danos oxidativos. O potencial farmacológico do aumento da GPx intracelular foi ilustrado por vários derivados de organoselénio e, neste contexto, exemplos notáveis incluem o ebselen (**1**) e os seus homólogos (**2**) e (**3**), as benzisoselenazolinonas (**4**), as selenamidas derivadas de péptidos ou cânfora (**5**) e (**6**), as disselenidas (**7**), as fenilselenoacetofenonas (**8**), as benzisoselenazolinas (**9**) e as benzisoselenazinas (**10**)[47-51] . Recentemente, foram sintetizados nucleósidos contendo telúrio e selénio (**11, 12**) que se pensa apresentarem uma atividade semelhante à da GPx[52] .

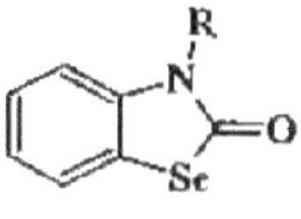

1

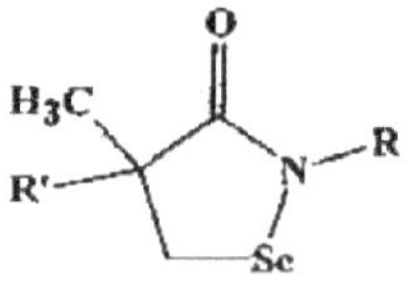

2

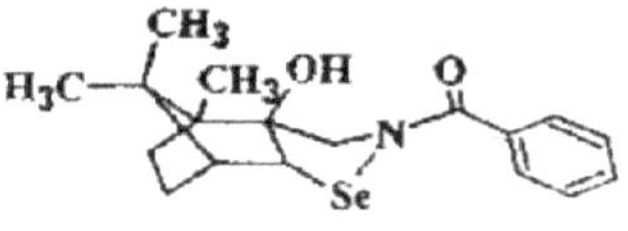

3

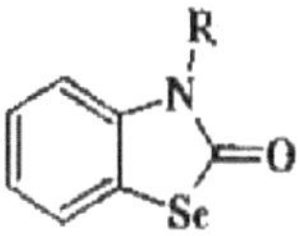

4

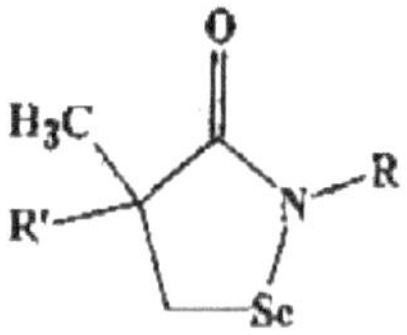

5

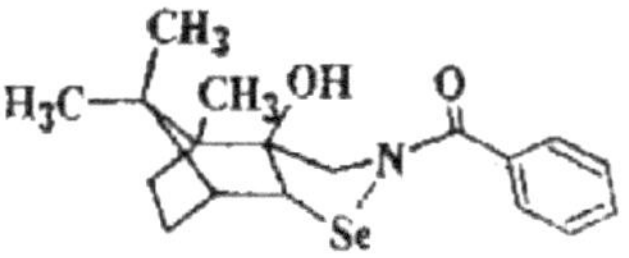

6

7

8

9 (n=0)

10 (n=1)

11 (Y=Se)
12 (Y=Te)

O aumento da precisão das técnicas experimentais na determinação estrutural de organocalcogénios no estado sólido e em solução reflecte a possibilidade de explorar interacções significativas devidas aos calcogénios. A importância destas interacções não-ligadas tem sido reconhecida como um fator-chave que influencia a estrutura, a estabilidade e a reatividade das espécies organocalcogénicas. Os contactos estreitos intramoleculares[53-57] entre o calcogénio e os átomos vizinhos que possuem um par de electrões solitários ou os contactos estreitos intermoleculares calcogénio....calcogénio resultam em espécies diméricas, poliméricas ou supramoleculares. A estrutura supramolecular polimérica do $Te_2(S_2PPh_2)$[58], obtida por acaso na reação do TeO_2 com o $Ph_2P(S)SH$ e as estruturas supramoleculares alargadas e alcançadas em complexos de prata com organosselénio bidentado[59] podem ser explicadas por estruturas específicas. No primeiro caso, as interacções intermoleculares Te..Te têm um efeito espetacular sobre a estrutura no estado sólido, mas não são suficientemente fortes para sobreviver em solução, enquanto que no último caso o papel do selénio se baseia principalmente na coordenação para saturar a esfera de coordenação.

A fotossensibilidade[60-62] e a clivagem mais limpa dos diorganodicalcogenetos ou a sua adição oxidativa a centros de metais de transição de baixa valência, que resulta frequentemente na clivagem da ligação calcogénio-calcogénio e na formação de complexos metal-calcogenato, foram consideradas as vias mais comuns e a formação de espécies mono ou dinucleares e, por vezes, também foram observadas espécies polinucleares. Por exemplo, a adição oxidativa de disseleneto de difenilo a [Pd(PPh3)4] em diclorometano resulta na formação de um complexo dinuclear [Pd2(SePh)4(PPh3)2] (**13**) e de um complexo mononuclear [PdCl(SePh)(PPh3)2] (**14**). A reação análoga envolvendo ditelureto de difenilo conduz a uma mistura de produtos e o produto isolado foi caracterizado como [Pd6Cl2Te4(TePh)4(PPh3)6].1/2 CH2Cl2 (**15**).

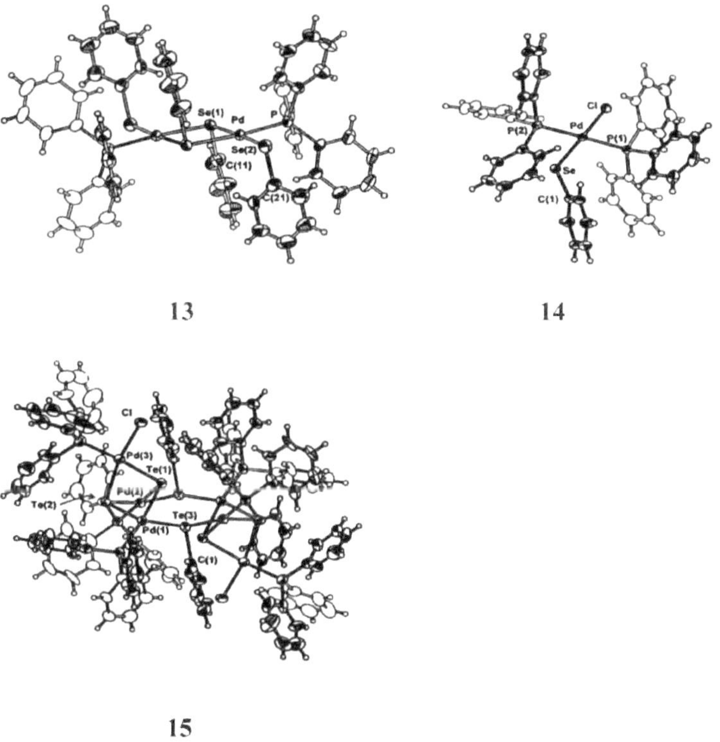

13   **14**

15

A adição oxidativa de Ph2Se2 envolve principalmente a clivagem da ligação Se-Se, a de Ph2Te2 indica a clivagem das ligações Te-Te e C-Te[63] . A evidência acumulada mostra que a escolha do átomo central e do solvente é também um fator determinante

9

para as estruturas resultantes.

Alguns ligandos acíclicos tripodais ou tetrapodais de organocalcogénios, como os tricalcogenoéteres, os tripodais MeC(CH_2SeR)$_3$, MeC(CH_2TeR)$_3$ (R=Me ou Ph) e os espirocíclicos C(CH_2SeMe)$_4$, C(CH_2TeMe)$_4$ e os triteluroéteres lineares

Te($CH_2CH_2CH_2TeR$)$_2$, (R=Me ou Ph) e os seus complexos de metais de transição foram também descritos[64-74]. O tris-selenoéter isomérico (MeC(CH_2SeR)$_3$) (**16**) forma uma série de complexos de halogenetos metálicos de platina, dependendo das restrições estéricas dos ligandos. O ligando tripodal (**16**) actua como um ligando bidentado para paládio, platina e ósmio (IV) em cis-[MCl_2(**16**)] (M=Pd, Pt) e cis-[$OsCl_4$(**16**)] e como um ligando tridentado em fac-[MCl_3(**16**)] (M=Ru, Os, Rh, Ir). As estruturas (**17**) e (**18**) representam os isómeros syn- e anti- dos complexos [MCl_3(**16**)].

16 **17** **18**

O interesse em macrociclos contendo calcogénio como modelos para metaloenzimas e metaloproteínas e a estrutura e ligação de complexos macrocíclicos metal-calcogénio também cresceu nos últimos tempos. A importância do par redox Cu(II/I) nas enzimas estimulou investigações sobre a influência dos ligandos macrocíclicos na geometria de coordenação, reatividade e propriedades electroquímicas dos complexos de cobre. Foram também descritos os disselenoéteres lineares MeSe(CH_2)$_n$SeMe [n=2,3], meso-o-C_6H_4(SeMe)$_2$ e PhSe(CH_2)$_3$SePh e os seus complexos com metais de transição[75-84] e de não transição[85-88].

Nos últimos anos, foram também documentados sistemas cíclicos com telúrio, comparativamente menos estudados. Alguns exemplos notáveis incluem as 21-teluraporfirinas[89] e o 1,1,5,5,9,9-hexacloro-1,5,9-triteluracyclo-dodecano[90]. Singh et *al.*[91,92] demonstraram a síntese e as reacções de macrociclos de poliazóis contendo telúrio, tendo sido estudadas reacções de contraste de Pd^{2+} e Pt^{2+} [**Esquema 1(i)**]. Curiosamente, verificou-se que o telúrio nestes sistemas actua simultaneamente como um ácido de Lewis e uma base de Lewis.

Esquema 1(i) : (i) Pd(PhCN)2Cl2, CHCl3, 2h; (ii) (cod)PtCl2, CH2Cl2, 16h; (iii) MeOH, NH4PF6

Os complexos molecularcs do tetratiafluvaleno (TTF) (**19**) e, posteriormente, a sua combinação com o tetracianoquinodimetano (TCNQ) (**22**) levaram à descoberta do primeiro metal orgânico. A substituição dos átomos de enxofre do esqueleto do TTF por átomos de selénio (TSeF) (**20**) ou telúrio (TTeF) (**21**) resultou no aumento da dimensionalidade do conjunto de dadores nos complexos moleculares e na estabilização dos estados metálicos a baixas temperaturas.

19 : R=H. X=S **20** : R=H, X=Se   **22**

21 : R=H, X=Te

1.5. Ligandos Calcogenados não residentes

Os éteres teluro cíclicos e dialquílicos/diarílicos comportam-se como dadores "moles" monodentados. A química dos seus ligandos tem sido objeto de várias publicações até à data. Várias revisões abordaram extensivamente a química dos seus ligandos[42,46,93-96]

.

São conhecidos vários teluroéteres cíclicos, dos quais [HgCl2L2] (**L**= telurociclopentano) (**23**) é o primeiro complexo conhecido deste tipo, referido por Morgan e Brustall[97] em 1931. A complexação de teluroéteres cíclicos registada até 1981 é amplamente abordada na revisão de Gysling[42] .

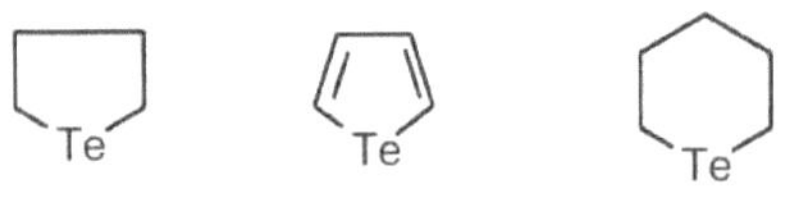

23 **24** **25**

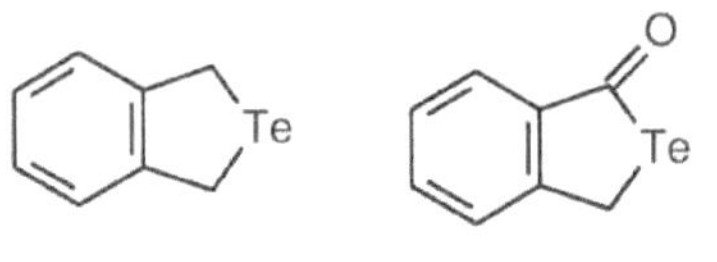

26 **27**

Os números **23-27** representam alguns desses cicloteluroéteres. Posteriormente, trabalhadores russos relataram complexos de 10-alquilfenotelurazina[98] e 9H-teluraxantano[99] com Hg(II), Pd(II), Ag(I) e Rh(I/III). Uma série de complexos quadrado-planos de Pd(II) de teluretos cíclicos **23**, **25** e **26** com estequiometria [PdX2L2] (X = Cl, Br ou I; L = **23**, **25** ou **26**) foi descrita por Khanna e Singh[100] . Com base nos espectros de RMN de[1] H, de *infravermelhos longínquos* e de UV-visível, foi proposta a geometria *trans* para todos os complexos, exceto os de **23**. Os complexos de **23 são** considerados misturas de formas isoméricas *cis* e *trans*. Os ligandos de cicloteluroéteres podem ser facilmente substituídos por grupos carbonilo. A substituição de **23** é mais lenta em comparação com os seus outros análogos calcogénios (ordem Te < Se < S < O), sugerindo a caraterística de doação σ mais forte de Te entre os calcogénios. O primeiro complexo[101] Pd(II) de telurociclopentano (23) estruturalmente caracterizado é o *trans* [PdCl2(23)2], no qual Pd-Te é 2,593(3)Â e Pd-Cl é 2,319(8) / 2,326(*) Â. Os complexos [PtCl2(23)2] e [RhCl3(23)3] também foram registados. Em solução, ambos os complexos são considerados misturas isoméricas (*cis-trans* e *fac-mer*, respetivamente) com base em dados espectrais, incluindo[125] Te{[1] H} e[195] Pt NMR, mas o complexo de Pt(II) no estado sólido é considerado predominantemente isómero cis. No entanto, [MBr2(23)2] ou [MI2(23)2] (M=Pd/Pt(II)) são considerados apenas isómeros trans. Os complexos de composição [M(26)4]BF4/PF6(28, 29), em que M=Cu ou Ag, são referidos em[102]. Adoptam estruturas tetraédricas distorcidas nos centros metálicos, com o telurofeno ligado através de um par solitário baseado em Te; o Cu-Te 2,58792) - 2,596(2) Â; Ag-Te 2,767(7) - 2,810(5) Â.

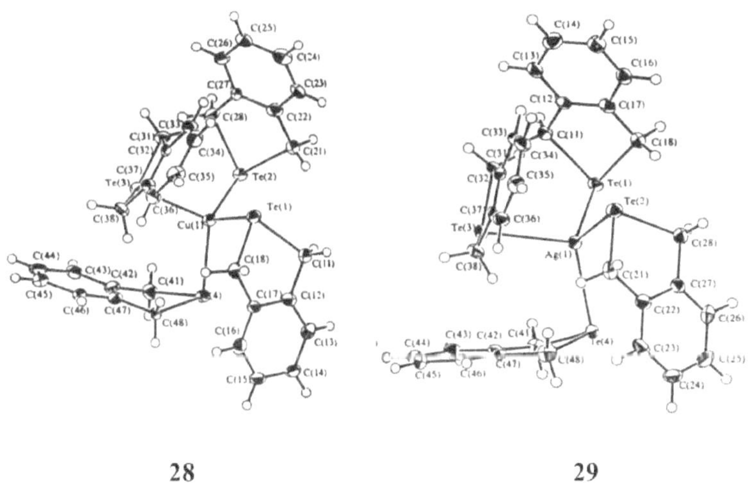

28　　　　29

Um complexo cristalino de ferro (II)-teluroéter[103] [Ph2Te)Fe(CO)3I2] (30) foi sintetizado com 93% de rendimento através da reação de Ph2TeI2 com Fe(CO)5 em THF à temperatura ambiente. A reação ocorre através da adição oxidativa de I2 ao Fe(0). A estrutura cristalina de 30 mostra uma interação Te....I (3,423(2)-3,486(2) Â; ângulo I-Fe-I 83,55(7)°). O seu espetro de infravermelhos apresenta três bandas (CO) a 2087, 2042 e 2025 cm^{-1} , o que coincide com a sua estrutura assimétrica. Um composto muito semelhante ao **30**, [(MeTePh)Fe(CO)$_3$I$_2$] foi preparado pela sequência de reacções apresentada no **Esquema 1(ii)**.

[HFe(CO$_4$)] ⟶ [PhTeFe(CO)$_4$] ⟶ [(MeTePh)Fe(CO)$_4$]

$\downarrow$ I$_2$

[(MeTePh)Fe(CO)$_3$I$_2$]

Scheme 1(ii)

Ao reagir [W(CO)$_5$(THF)] com quantidades equimolares de Ph$_2$Te, o ligando telúrio entra na esfera de coordenação do tungsténio, resultando em [Ph$_2$TeW(CO)$_5$] (**31**), que foi caracterizado estruturalmente e tem geometria octaédrica[103] .

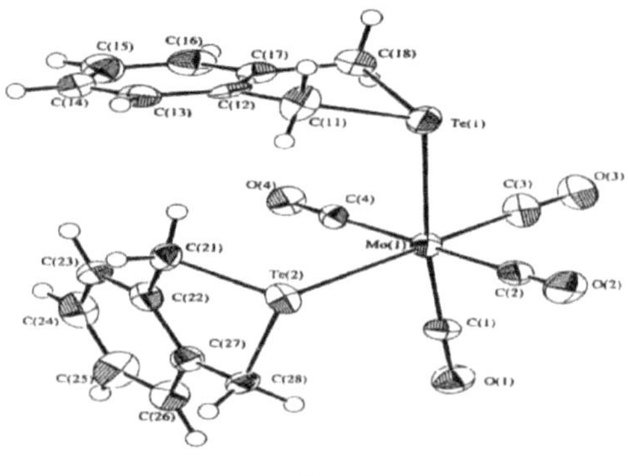

30   **31**

O 1,3-dihidrobenzotelurofeno (**32**) comporta-se também como um ligando simples dador de Te em [Mo(CO)$_3$(**32**)], *cis*[Mo(CO)$_4$(**32**)$_2$] e *fac*[Mo(CO)$_3$(**32**)$_3$] e as estruturas foram confirmadas por estudos de RMN multinuclear e pela estrutura cristalina do tetracarbonilo[102] (**33**).

33

Um novo diorganotelureto [η¹ -{(Me3Si)3C5H2}]2Te e o seu aduto [η¹ -{(Me3Si)3C5H2}]2TeW(CO)5 são também referidos[104] . O ligando foi sintetizado através da reação de bis(dietil ditiocarbamato) telúrio(II) com ciclopentadieneto de lítio tris(trimetilsilil). A reação dos aglomerados metálicos mistos [H-RuCo3(CO)11(L)] (L=SMe2, SeMe2 ou TeMe2) com PMe2Ph resultou na simples substituição do calcogénio ligado ao Ru pela fosfina. Em contraste, [HRuCo3(CO)11PMe2Ph)] com TeMe2 produziu [HRuCo3(CO)10PMe2Ph)(TeMe2)][105] . O [Ru(CO)2Cl2(TePh2)2] (previamente preparado a partir de RuCl3.nH2O, TePh2 e CO) foi preparado com um rendimento melhorado a partir de [{Ru(CO)3Cl2}2] e o ligando como um único isómero. A estrutura cristalina de raios X apresentada revelou Ru octaédrico com TePh2 *trans*, CO *cis* e Cl *cis*[106] .

Os R2E (E=Se, Te) (R=2-(4-4-dimetil-2-oxazolinil)fenil) reagem com HgCl2 e Pd(COD)Cl2 para produzir R2E.HgCl2 e R2E.PdCl2; no entanto, R2Te.HgCl2 sofre uma desmutação lenta em solventes clorados para dar os fragmentos RTeCl e R-HgCl[107] . Em trabalhos recentes, o PhTeI é introduzido nos complexos de metais de transição como um ligando monodentado que é dador de σ e aceitador de π em relação ao átomo de metal. Os complexos [CpMn(CO)2]2(PhTeI)] (**34**), [(CO)FeBr2(PhTeBr)] (**35**) e [CpFe(CO)2(TeI2Ph)] (**36**) são sintetizados pelo **Esquema 1(iii)**.

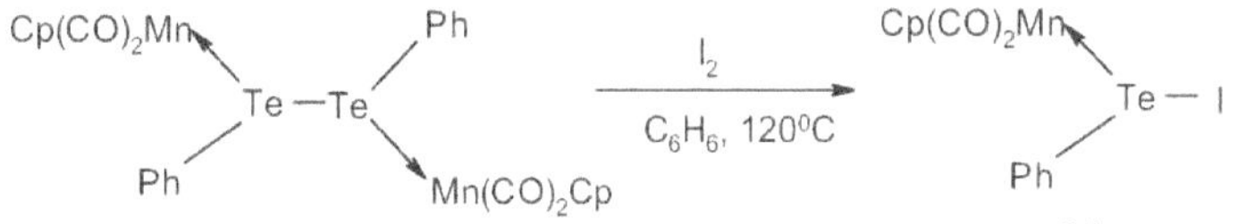

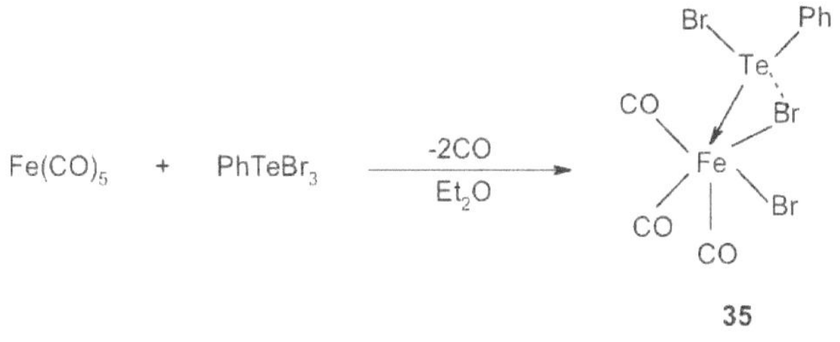

Esquema 1(iii)

A estrutura molecular destes complexos foi determinada por análise de raios X num único cristal. Observa-se um encurtamento considerável das distâncias metal-telúrio, devido à doação adicional de π de volta do par solitário para a orbital de anti-ligação do halogeneto de Te[108.]

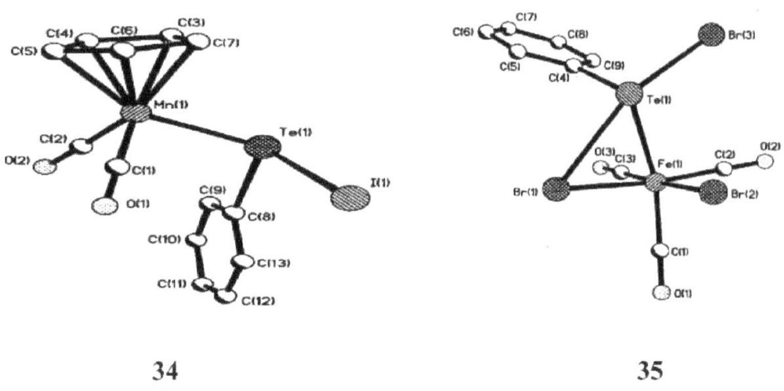

34   35

Os complexos de ródio que contêm o ligando bis(trimetilsililmetil) telano, explorados por Laitinen *et al.*, apresentam uma química de coordenação versátil.[109] . O mononuclear [RhCl3{Te(CH2SiMe3)2}3] **(37)**, o dinuclear [Rh2(μ-Cl2)Cl4{Te(CH2SiMe3)2}4] **(38)** e o [Rh2(μ-Cl2)Cl4(OHCH2CH3){Te(CH2SiMe3)2}3] **(39)** foram sintetizados pela reação de RhCl3.3H2O e Te(CH2SiMe3)2 em proporções de 1:3½, 1:2½, 1:1½ de metal para ligando, respetivamente, enquanto a reação de *mer*-[RhCl3(SMePh)3] com dois equivalentes de Te(CH2SiMe3)2 resultou numa mistura de **(37)** e *mer*-[RhCl3{Te(CH2SiMe3)2}2(SMePh)] **(40)**. Todos os complexos **37-40** foram caracterizados por cristalografia de raios X e espetroscopia de RMN de[125] Te. Os deslocamentos químicos[125] Te dos complexos mononucleares ocorrem a baixas frequências (abaixo de 450 ppm), enquanto os dos complexos dinucleares se encontram a frequências mais elevadas (acima de 450 ppm).

Si121
Si122
Te2
Rh1
C11
C13
C12
Te3
Si32
Si112
Te1
Si131
Si111

37

Cl2
Si111
C14
Rh2
O1
C15
Rh1
Te1
Si121
C13
Si32
C16
Te2
Te3
Cl1
Si112
Si131
Si122

39

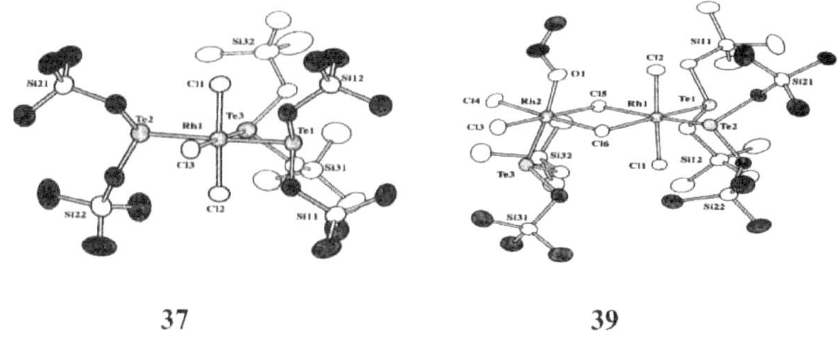

1.6. Ligandos Bidentados Calcogenados

Os dadores bidentados, por exemplo, disselenanos e ditelura-alcanos, também considerados análogos de éter, $RE(CH_2)nER$[110,111] (R = alquilo ou arilo; E = Se; n = 1-3, 6,12 e E = Te, n = 3-10) são produzidos de forma limpa e com elevados rendimentos a partir da reação de RELi (ou RENa) com o α,α'-dihaloalcano adequado em liq. NH_3, álcoois ou, mais convenientemente, tetra-hidrofurano. De um modo geral, os complexos de disselenómero ou diteluroéter parecem ser mais estáveis do que os seus análogos de ditióter. Quando um selenoéter bidentado se coordena a um metal, podem ser obtidos isómeros geométricos. O par *meso* e *DL* pode ser distinguido por espetroscopia de RMN[111] .

meso-   DL-

$RTe(CH_2)_3TeR$

41   **42**   **43**

R = CH_3, C_6H_5, 4-$MeOC_6H_4$ R = CH_3, C_6H_5, 4$MeOC_6H_4$ R = CH_3, C_6H_5

Levason e colaboradores relataram alguns complexos carbonílicos de baixo valor de **42**. Enquanto o comportamento de ligação do diteluroéter **41**, **42** e **43** com Os(II) viz. $[OsCl_2(\mathbf{41})_2]$, $[OsCl_2(\mathbf{42})_2]$, $[OsCl_2(\mathbf{43})_2]$, $[OsCl(PPh_3)(\mathbf{41})_2]PF_6$, $[OsCl(PPh_3)(\mathbf{42})_2]PF6$ e $[OsCl(PPh_3)(\mathbf{43})_2]PF6$ foi descrito e verificou-se que os complexos de Os(II) apresentam uma oxidação reversível de um eletrão por voltametria cíclica[79,112] . Os complexos $[Mn(CO)_3Cl(\mathbf{42})](\mathbf{44})$, $[Mn(CO)_3Cl(\mathbf{43})]$ e $[ReCl(CO)_3(\mathbf{42})]$ (**45**) foram caracterizados por estudos de difração de raios X. O diteluroéter é substituído pelo grupo carbonilo dos complexos carbonilo metálicos $[Mn(CO)_3Cl]$ e $[Re(CO)_5Cl]$[113,114]

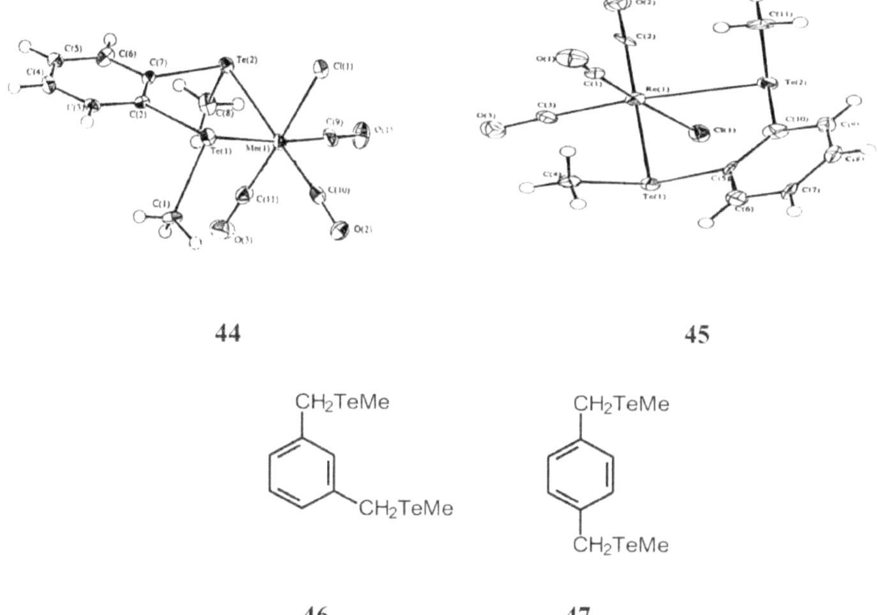

44   45

46   47

No passado recente, os diteluroéteres **46** e **47** foram preparados com bom rendimento a partir da reação nucleofílica de *m* ou p-C6H4(CH2Br)2 e LiTeMe em solução THF. Derivados de Te(IV) de **46** e **47** viz. m *ou* p-C6H4(CH2TeMeI)2 e *m-* ou *p-* C6H4(CH2TeI2Me)2 foram preparados pela reação de MeI ou I2. Estes foram caracterizados por IR,[1] H,[13] C,[125] Te NMR, espetrometria de massa e estrutura cristalina. A estrutura cristalina de PhI2Te(CH2)3TeI2Ph (preparado a partir de **41** e diiodo em solução THF) também é relatada. A unidade TeI2 em cada composto era axial e eram evidentes contactos secundários Te...I intermoleculares significativos (~3,6-4,1Å) que ligam estes compostos covalentes em redes alargadas com cada átomo de Te num ambiente distorcido de seis coordenadas[115].

Muitos compostos orgânicos que contêm um grupo RSe ou RTe em combinação com outra funcionalidade dadora formam ligandos dadores mistos. Estes denominados "dadores híbridos" ou "dadores heteroditópicos" têm sido também objeto de investigação recente e a sua química de coordenação está atualmente a ser desenvolvida com vista ao desenvolvimento de potenciais catalisadores. Os primeiros exemplos

19

sintetizados para fins de coordenação incluem dadores do tipo (P,Se), (P,Te), (Sb,Se), (Sb,Te), (As,Se) e (As,Te)[114,116] [**Esquema 1(iv)**].

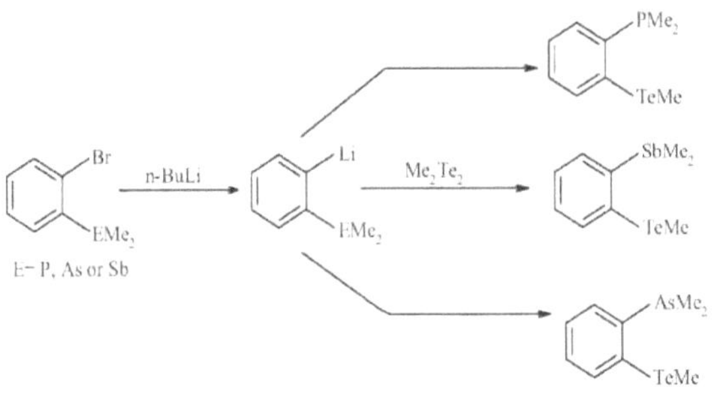

Esquema 1(iv)

Foram descritos vários complexos que incorporam ligandos terminais (M-SeR) e ligandos em ponte [- M(μ2-SeR)2M-], (M=Pd ou Pt; R=alquilo ou arilo)[43] . Entre eles, destaca-se o comportamento de coordenação dos ligandos o-C6H4(SeMe)2 e o-C6H4(TeMe)2 com [M(MeCN)2X2] (M=Pd ou Pt e X=Cl, Br e I), onde se observa uma mudança no comportamento de ligação. Os complexos de cis-paládio (II) [Pd{o-C6H4(SeMe)2}X2] não puderam ser oxidados em espécies de Pd(IV)[110] com um agente oxidante adequado. No entanto, o complexo [Pd{o-C6H4(TeMe)2}I2], ao ser aquecido em dimetilsulfóxido durante um curto período de tempo, permitiu a monodemetilação[117] e deu origem a um novo complexo tetramérico (**48**). O ambiente em torno de um dos quatro átomos equivalentes de paládio revelou três distâncias de ligação Pd-Te diferentes.

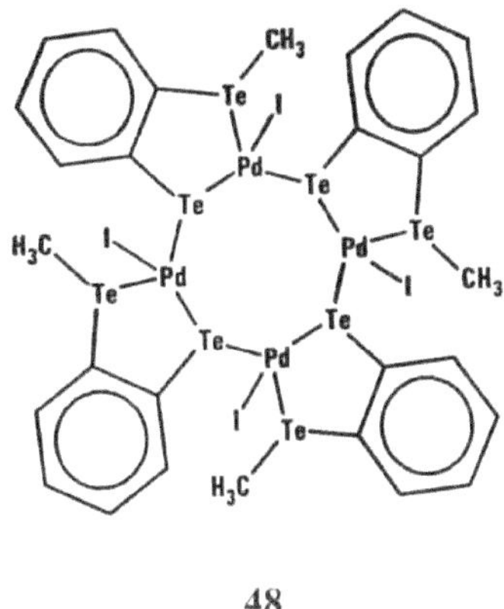

48

São também conhecidos na literatura dezenas de ligandos híbridos como (Te, P), (Se, N), (Te, N), (Se, O), (Te, O), (Se, S), (Te, S), etc.[95,96,104,118-130] . O primeiro ligando (Te, N) do tipo ArTeCH2CH2NH2 (**49**) foi concebido por Singh e Srivastava[131] . O seu derivado dimetil Me2NCH2CH2TeAr (**50**) foi também registado mais tarde[132] . Jain *et al.*[133] também sintetizaram este derivado dimetil e os seus complexos do tipo fac-Me3PtX(Me2NCH2CH2TePh), (X=Cl, Br ou I), que demonstraram existir em solução em diferentes formas **51-54** a temperaturas inferiores a -60° C por[1] H NMR.

51   **52**

53   **54**

Os ariltelluroacetatos de Pd(II) e Pt(II) são também referidos pelo mesmo grupo[134] , enquanto a síntese do ácido 2-ariltelúroacético foi publicada em 1990[135]. Estes acetatos são formulados como dímeros com ponte de cloro com base nos dados espectrais de IR,[1] H e C{[131] H} NMR. O telúrio é capaz, tal como o fósforo, de estabilizar[136] alcóxidos de Pd(II) ou Pt(II), que de outra forma são altamente propensos à β-eliminação. Foi feita uma tentativa de estabilizar diolatos de Pt(II) e Pd(II) com a ajuda de telúrio. No entanto, a reação de (CH3CN)PdCl2 com ArTeCH2CH2(ONa)CH2ONa resultou em telúrio elementar e numa mistura intrincada. Os complexos de ArTeCH2CHOHCH2OH (**55**) sintetizados pela reação de ClCH2CHOHCH2OH com ArTe⁻ , com a composição [MX2(**55**)]2, [MX2(**55**)2], [(PPh3)2MCl(**55**)]ClO4 e [PPh3)2M(**55**)](ClO4)2 (M=Hg(II), Pd(II), Pt(II); X=Cl, Br) são referidos em[136]. Vários dados espectrais sugerem que o ligando Te exibe um carácter monodentado, ligando-se através do telúrio apenas em todos os complexos, exceto no último, onde se propõe que o metal se coordene também através do grupo OH, mas sem a sua desprotonação. Os fenóis orto telurados[137] constituem outro grupo de ligandos (Te,O) interessantes e quatro novos ligandos (Te,O) (**56-59**) foram sintetizados[138,139] e os seus quarenta complexos com composição, [MCl2(L)2], [M(L)2](ClO4)2, [M(dppe)(L)2](ClO4)2, [M(PPh3)2(L)2](ClO4)2 e [M(phen)(L)2](ClO4)2 (M=Pd(II) ou Pt(II), L = **56-59**). Quando o [MCl2(L)2] reage com AgClO4 para dar [M(L)2](ClO4)2, dá origem a um anel quelato e observa-se uma deslocação de coordenação na ressonância[125] Te{[1] H} para baixo e da ordem dos 120 ppm quando o anel quelato tem cinco membros, mas para cima e pequena (~12 ppm) quando o tamanho do anel tem seis membros. A maior parte dos desvios de coordenação anteriormente registados não envolvem o mesmo ligando hemilábil em modo monodentado e quelante, mas baseiam-se na utilização de dois ligandos diferentes[140].

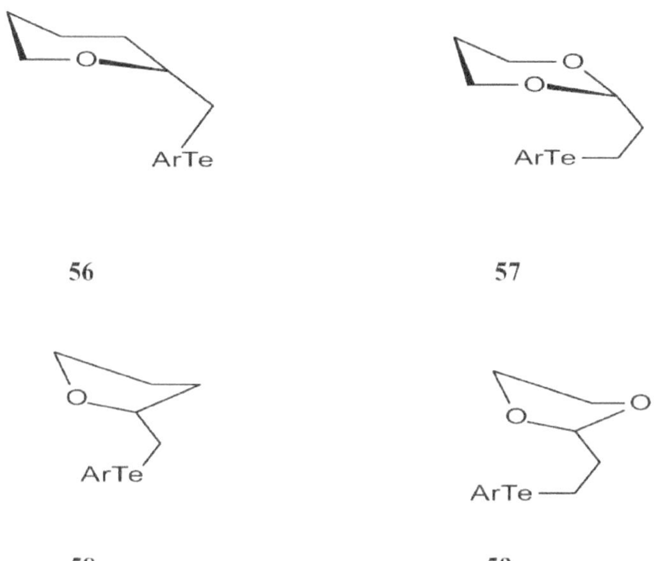

A configuração *trans* foi considerada favorável para os complexos (**56-59**).

Os ligandos coordenados são facilmente oxidados pelo oxigénio singlete. A extinção de[1] o2 segue uma cinética de primeira ordem, conforme monitorizado espectrofotometricamente, no caso do complexo de paládio com 1,10-fenantrolina como co-ligante.

Canty *et al.*[141] sintetizaram uma série de ligandos que contêm o motivo 2-organocalcogenometil piridina com substituintes nas posições 4 ou 6 do anel piridílico.

As reacções de adição de PdCl2(NCMe)2 com esses ligandos resultaram principalmente em complexos de dicloropaládio (II), embora o ligando com substituinte 6-fenilo forme espécies ciclopaladadas, o que é confirmado por cristalografia de raios X. Estes complexos foram examinados como pré-catalisadores para a reação de Mizoroki-Heck (de n-butilacrilato com halogeneto de arilo), enquanto que o PdCl2 (R^4 -PyCH2SMe-N,S) (R=H) apresenta uma maior atividade para a reação de cloretos de arilo em Bu$_4$ NCl a 120º C como solvente em condições de líquido iónico não aquoso (NAIL).

Complexos hexanucleares homolépticos de cobre e prata [M(R-PyX], M = Cu, Ag; X = S, Se; R = H, 3-CF3, 5-CF3 foram sintetizados por oxidação eletroquímica e também por reação direta. Enquanto que os complexos heterolépticos mistos com bis(difenilfosfino etano) como co-ligante, foram também preparados e considerados diméricos, com o ligante dppe a atuar de forma quelato bidentado e como um sistema (μ^2 - P, P) fazendo a ponte entre os dois átomos de cobre. A estrutura cristalina dos complexos [Cu(3-CF3-PyS)]$_6$ (**60**) e [Ag(3-CF3-PyS)]$_6$ é isoestrutural e a geometria global dos cristais pode ser descrita como uma roda de pás[142].

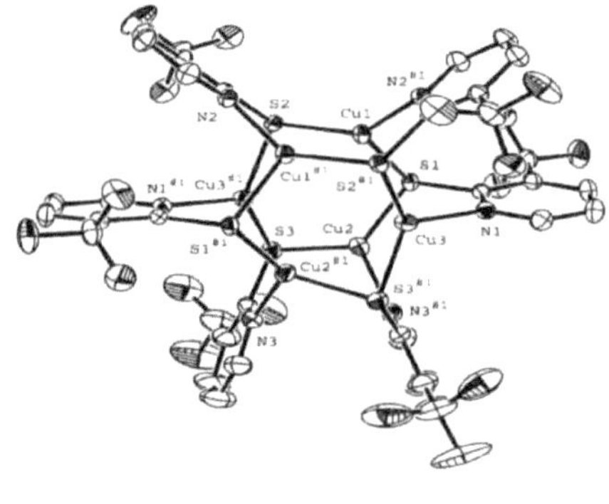

60

Singh *et al.*[143] sintetizaram pirrolidinas selenadas, N-{2-(fenilseleno) etil} pirrolidina (**61**) , N-{2-(feniltio) etil} pirrolidina (**62**), bis{2- pirrolidina-N-il}etilseleneto (**63**) e seus complexos [PdCl2(**61/62**)] (**64/70**), [PtCl2(**61/62**)] (**65/71**), [RuCl(η^6 - C6H6)(**61/62**)][PF6] (**66/72**) [RuCl(η^6 -p-cimeno) (**61/62**)][PF6] (**67/73**), [RuCl(η^6 -p-cimeno)(NH3)2] [PF6] (**68**) e [Ru(η^6 -p-cimeno) (**61**) (CH3CN)] [PF6]2.CH3CN (**69**).

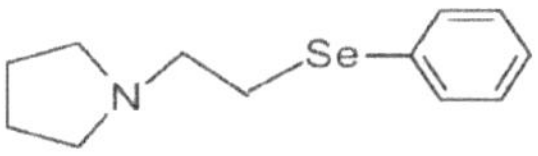

61

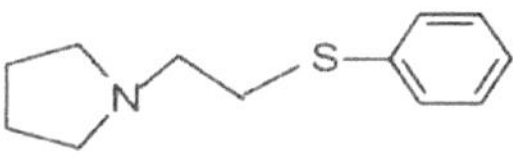

62

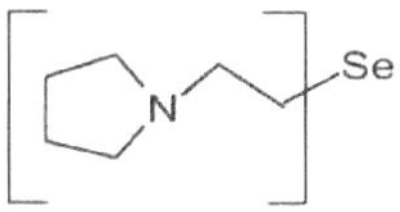

63

A estrutura cristalina dos complexos **64**, **66-69**, **72** e **73 foi resolvida**. O potencial catalítico dos complexos **64** e **70** foi examinado nas reacções de acoplamento Heck e Suzuki-Miyaura. O valor TON (85000) revela estabilidade catalítica em condições ambientais.

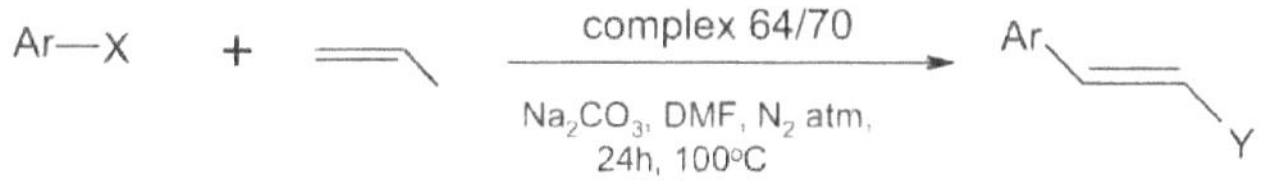

Heck reaction

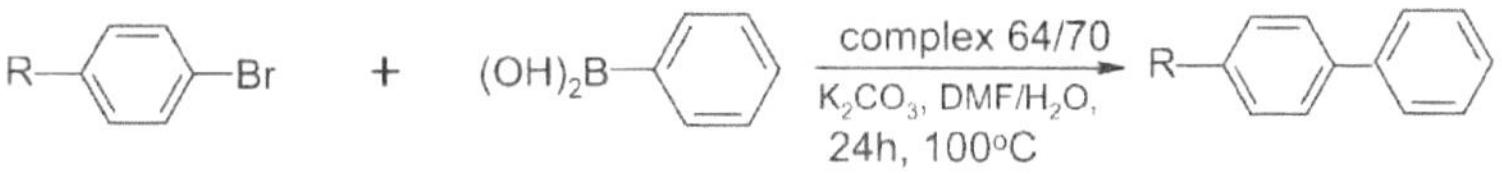

Suzuki reaction

1.7. Ligandos calcogenizados multifuncionais

Um potencial ligando tridentado do tipo (N, Te, N) (**74**) foi sintetizado por Kaur *et al.*[144] através da reação do C6H5CH2NMe2 orto-litizado com TeI2. O complexo octaédrico [Cr(CO)5(**74**)], no qual (**74**) se liga apenas através de Te, foi também caracterizado estruturalmente. O CO *trans* para telúrio tem um comprimento de ligação ligeiramente maior (1,162(7) Å) do que os outros grupos CO (comprimentos de ligação ~1,140(7)-1,144(5) Å). Isto pode dever-se a uma influência *trans* marginalmente mais elevada do ligando telúrio em comparação com o CO ou a uma dotação σ mais forte pelo ligando telúrio.

74

Foi sintetizado um ligando do tipo (N, Te, N) (**75**)[145] através da reação de Na2Te com 2-(2-cloroetil) piridina. Nos espectros de RMN de[1] H dos seus complexos de Pd(II) ou Pt(II) [(MCl2(**75**)] observam-se sinais de CH2-N e piridina desactivados (em relação ao **75** livre), o que indica o modo de coordenação tridentado do (**75**). No entanto, a tentativa de conceber o (**76**) através da reação de halogenetos orgânicos apropriados com ArTe⁻ Na⁺ / ArTe⁻ Li⁺ não foi bem sucedida.

75   **76**

Do mesmo modo, o ligando (Te, N, Te), H/MeN(CH2CH2TeAr)2 (**77**) foi explorado pela primeira vez por Singh *et al.*[146] em 1990. Posteriormente, a estrutura cristalina de [Pt {(2-(4- EtOC6H4Te)CH2CH2)}2NHCl].CHCl3.H2O (**78**) foi comunicada[145] . A platina tem uma geometria quadrada planar e o complexo é iónico. O comprimento da ligação Pt-Te é de 2,557(2) / 2,564(2)Å.

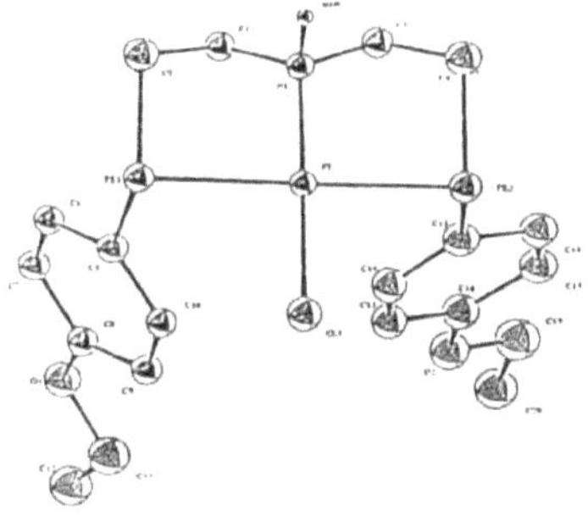

78

Os ligandos teluréteres híbridos multidentados (**79-81**), Te(CH2CH2NR2)2 (**79**), Te2(CH2CH2NR2)2 (**80**), (ArTeCH2CH2)2NCH2CH2N(CH2CH2TeAr)2 (**81**) foram concebidos por Singh e colaboradores[132,147] através da reação de ArTe Na$^+$ ou Na$_2$ Te com halogenetos orgânicos adequados. O telureto de bis(3-aminopropilo) e os seus complexos de Pd(II) e Pt(II) são também referidos[148] mas sem caraterização estrutural. No entanto, propõe-se que este ligando se comporte como dador tridentado (N, Te, N) com base em dados espectroscópicos. Os complexos de Rh (I e III)[146] de (**77**) são caracterizados espectroscopicamente. Apresentam estequiometria [RhCl(**L**)]2 ou [RhCl3(**L**)]. Os seus espectros de RMN de^1 H são amplos e complicados devido aos equilíbrios de dissociação e recombinação dos vários ligandos, incluindo o cloreto.

Singh *et al.* também sintetizaram a N-[2-(4-metoxi fenilteluro)etil]-ftalimida (**82**), que reage com RuCl3.xH2O dando origem a um novo heterociclo (**83**), como se mostra a seguir:

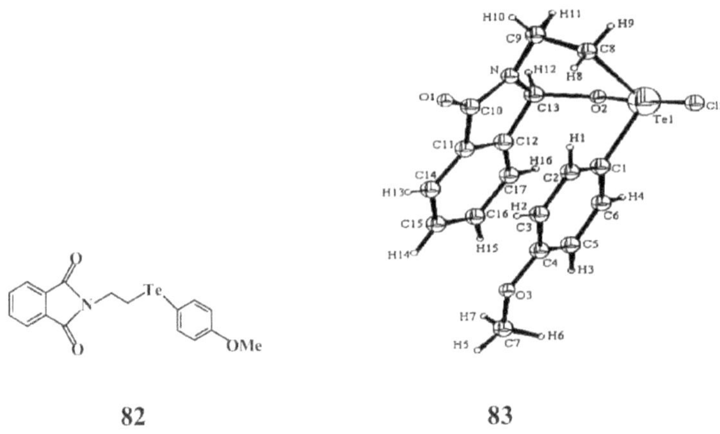

82   **83**

O heterociclo Te-cloro, Te anisil- 1a-aza-4-oxa-3-tellura- 1H, 2H, 4αH- 9-fluorenona
(**83**) é caracterizado estruturalmente[149] . Na formação de (**83**), o Te é oxidado para o
estado de oxidação +IV, uma vez que a geometria do seu par de electrões é tipicamente
a de uma espécie de Te(IV) que se conforma a um arranjo bipiramidal trigonal,
colocando um par solitário num dos cantos do plano trigonal. Os átomos de oxigénio e
de cloro são trans entre si. Além disso, no espetro de RMN de[13] C de (**83**), o sinal
devido ao TeCH2 apresenta um desvio para baixo de ~50 ppm em relação ao de (**82**)
livre, o que coincide bem com a formação da espécie Te(IV). O composto meio-
sanduíche [(p- cimeno) RuCl2.**82**] (**84**) também é caracterizado estruturalmente. Neste
composto em meia sanduíche, o p-cimeno encontra-se num modo de ligação η[6] .

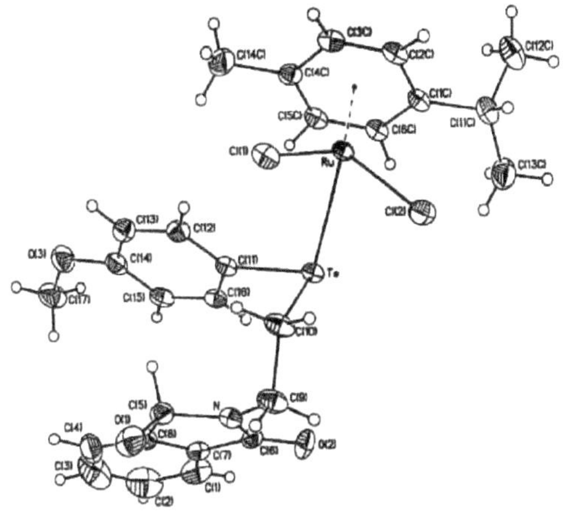

84

Os ligandos N-{2-(4-metoxifenilteluro)-etil} morfolina (**85**) e bis{2-(N-morfolino)etil} telureto (**86**) são potencialmente ligandos do tipo (Te, N) e (Te, N2). O composto (**86**) é instável, mas a reação da amostra recentemente preparada com Pd(II) e Hg(II) numa proporção de 1:2 (metal : ligando) estabiliza-o.

85

86

No espetro de massa de (**85**), o pico do ião molecular aparece a m/z 351. Os sinais de CH2N e CH2Te no espetro de RMN de[1] H do (**86**) fundem-se, tal como confirmado pelo seu espetro HETCOR.

29

Os complexos de estequiometria [Pd/PtCl2(85/86)2] são caracterizados estruturalmente[150,151]. A estrutura cristalina de (85), [PdCl2(85)2] (87), e [PdCl2(85)2] (88) e [PtCl2(85)2] (89) foram relatadas.

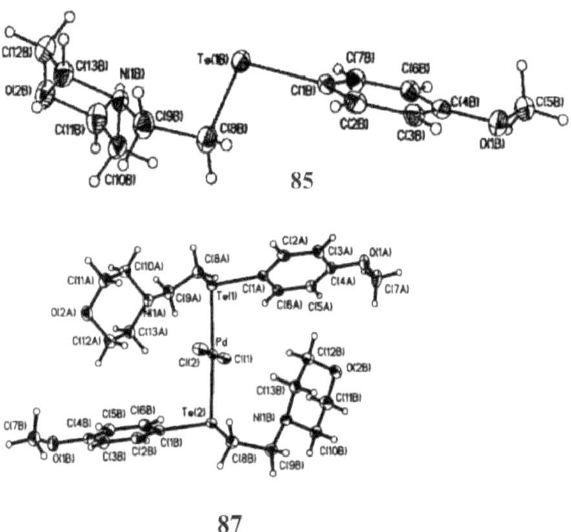

Existem muitas semelhanças nas estruturas dos complexos de (85) e (86). Ambos são compostos de coordenação trans*quadrados* planares do tipo [PdCl$_2$ (RTeR)$^r_2$] (R=R· para 85). Não existe simetria exacta em nenhum deles, no entanto, no último, o plano de coordenação é um pseudo-plano de espelho e existe um pseudo-centro de simetria na posição do paládio. Os átomos de telúrio em ambos os complexos têm uma geometria molecular piramidal distorcida, cuja geometria do par de electrões pode ser descrita como tetraédrica distorcida, se um par solitário ocupar presumivelmente um canto. Os pares solitários em dois átomos de Te destes complexos têm uma orientação *trans em* relação ao sistema linear Te-Pd-Te.

88

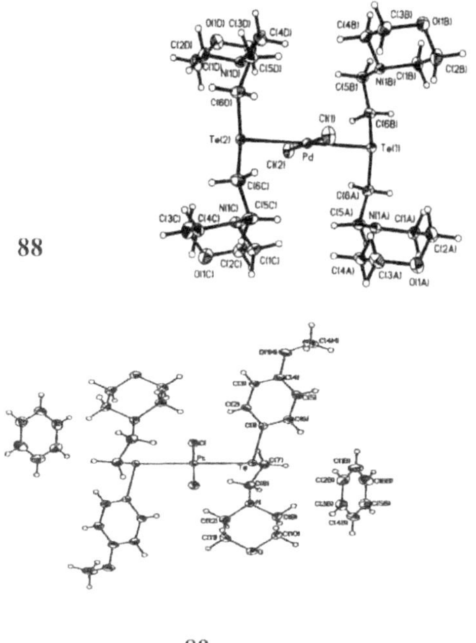

89

O comportamento de ligação do 2-(4-etoxifeniltelurometil) tetra-hidro-2-H-pirano **(90)**, do 2-(2-{4-etoxifenil}-teluroetil)-1,3-dioxano **(91)** e do telureto de bis(2-{1,3-dioxano-2-il}etilo) **(92)** com o metal Ru também foi investigado no passado152,153.

92

Os complexos de Ru semi-sanduíche de **(90)** e **(91)** em que a esfera de coordenação do metal é composta por dois ligandos de cloreto, η^6 - anel de p-cimeno ligado e ligando **(90/91)** coordenado através de Te são caracterizados estruturalmente. O comprimento da ligação Ru-Te (2,6197(8)Å) no complexo de **(90)** é consistente com o valor da literatura 2,619(4)-2,650(1)Å relatado para [Ru{PhTe(CH2)3TePh}2Cl2] e [Ru{MeTe(CH2)3TeMe}2-ClPPh3]PF6[154] . O anel pirano tem uma conformação em cadeira como esperado e o anel aromático do ligando p-cimeno é quase planar. As distâncias das ligações Ru-Cl no complexo de (**91**) (2,404(3) e 2,415(3)Å) são normais. O tipo de ligando potencialmente (Te,O₂) (**92**) é estabilizado na formação do complexo [Ru-(p-cimeno)Cl₂.(**92**)] (**93**) que é caracterizado estruturalmente[152] .

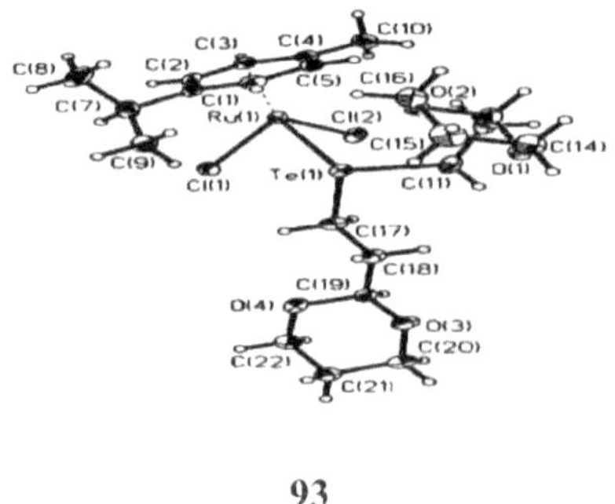

93

(**93**) são os primeiros exemplos de complexos estruturalmente caracterizados em que estão presentes moléculas de ligandos potencialmente do tipo (Te,O₂) que se coordenam através de Te. As reacções de complexos de ruténio (II) de ligandos hemilábeis do tipo (Te,Oₓ) (x = 1 ou 2) com perclorato de prata resultam em espécies em que o Ru é coordenado pelo oxigénio etéreo. Esta ligação Ru-O é considerada lábil e é facilmente clivada por vários substratos. No passado recente, foram sintetizados ligandos híbridos tridentados contendo calcogénios (**94**) e ligandos híbridos tetradentados contendo calcogénios (**95**) através da reação de calcogenetos dissódicos e cloroalquilaminas ou cloroálcoois[155] , mas a sua ligação não foi explorada.

94   **95**

X = Se or Te

R = OH, NH₂, CH₂OH, CH₂NH₂

Jain et al.[156] prepararam complexos homolépticos de paládio, [Pd(ECH2CH2CH2NMe2)2]n [E= S(**96**); Se (**97**); Te(**98**)] pela reação de Na2PdCl4 e NaECH2CH2CH2NMe2 . O complexo (**97**) apresenta uma estrutura hexamérica, comprovada por espetrometria de massa FAB e cristalografia de raios X. O complexo (**98**) tende a decompor-se quando deixado em solução, pelo que não foi possível obter espectros de microanálise e de RMN satisfatórios. Os complexos (**96**) e (**97**), quando tratados com Pd(OAc)$_2$ ou Na2PdCl4, deram origem a produtos de redistribuição [Pd(OAc)(ECH2CH2CH2NMe2)2]n [E=S(**99**) ou Se(**100**)] e [PdCl(ECH2CH2CH2NMe2)]2 [E= S(**101**); Se(**102**); Te(**103**)], respetivamente. As rotas sintéticas para os calcogenolatos de paládio(II) 3-dimetil amino-1-propil estão ilustradas no **Esquema 1(v)**.

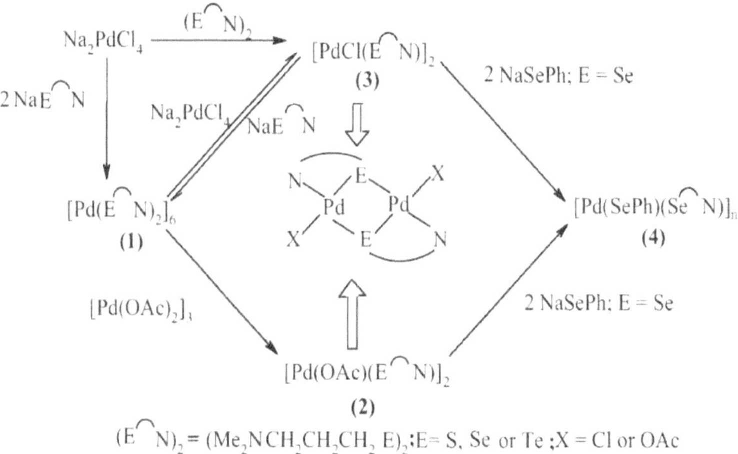

Interconversão de calcogenolatos de paládio

Esquema 1(v)

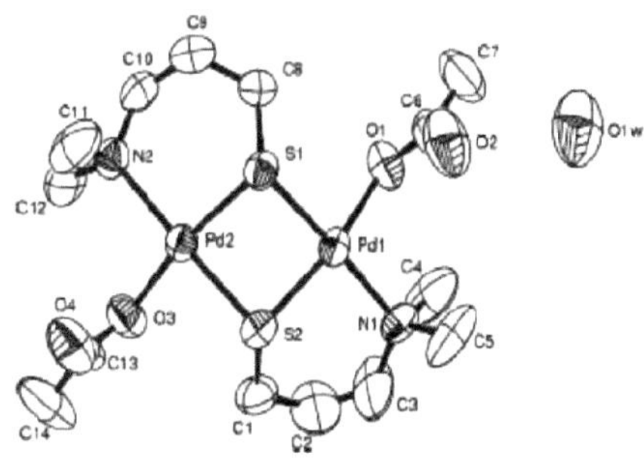

99

O 1-(4-metoxifenilteluro)-2-[3-(6-metil-2-piridil) propoxi] etano (**104**) e o 1-etiltio-2-[2-tienilteluro]etano (**105**) foram sintetizados pela reação dos nucleófilos [4-MeO-C6H4Te⁻] e [C4H3S-2-Te⁻] com 2-[-3(6-metil-2-piridil)propoxi] cloreto de etilo e clorossulfureto de cloroetilo, respetivamente[157] .

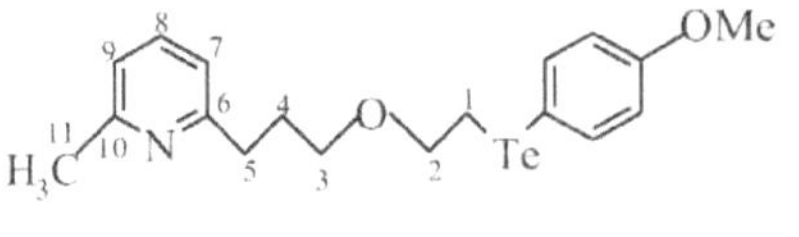

104

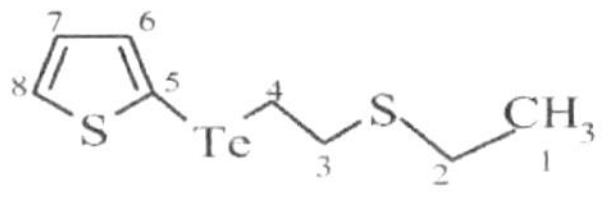

105

104 e **105** reagem com HgBr2 dando origem a complexos de estequiometria [HgBr2.**104/105**] (**106/107**), que apresentam características[1] H e C{^{131} H}NMR. Na cristalização de (**106**) a partir de uma mistura de acetona:hexano (2:1), ocorre a clivagem de (**104**), resultando em 4-MeOC H_{64} HgBr (**108**) e [RTe⁺ ► HgBr$_2$]Br⁻ (**109**) onde (R=CH2CH2OCH2CH2CH2CH2CH2-(2-(6-CH3-C5H3N))). Com base na difração de raios X, verifica-se que (**108**) tem uma estrutura linear com comprimentos de ligação Hg-C e Hg-Br de 2,085(6) e 2,4700(7) Â respetivamente. Esta clivagem promovida pelo mercúrio é observada pela primeira vez para um ligando acíclico do tipo RArTe e é única, uma vez que parece haver uma forte interação intramolecular para estabilizar os produtos de clivagem. O (**107**) na cristalização mostra a clivagem do ligando organotelúrio (**105**) e a formação de um complexo único [(EtS(CH2)2SEt)HgBr(μ-Br)Hg(Br)(μ-Br)2Hg(Br)(μ-Br)BrHg(EtS(CH2)2SEt)]. 2HgBr2 (**110**), que foi caracterizado por difração de raios X, espectros de RMN de[1] H e C{^{131} H} espectros de RMN. O telúrio elementar e o [C4H3SCH2]2 são os outros produtos de dissociação identificados por[1] H e[13] C NMR. A clivagem parece ser efectuada sem qualquer transmetalização e é provavelmente a primeira do seu género. A estrutura centro-simétrica de (**110**) é única, uma vez que tem a unidade [HgBr3]⁻ , um Hg em geometria tetraédrica distorcida e outro em geometria bipiramidal pseudo-trigonal. A molécula de (**110**) também pode ser descrita como tendo unidades de [(EtSCH2CH2SEt)HgBr]⁺ [HgBr3]⁻ , que dimerizam e co-cristalizam com duas moléculas de HgBr2.

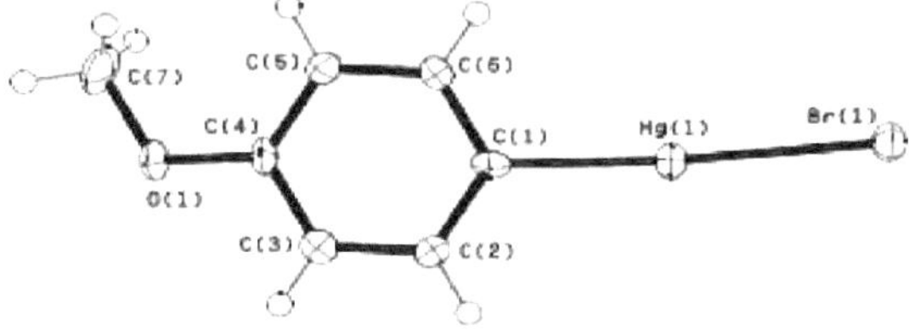

108

110

O mesmo grupo também sintetizou e caracterizou a 2-metil-6-{2-({2-[-(6-metilpiridil)propoxi]etil}teluranil)etoxi] propil} piridina (**111**). O comportamento de ligação de **104** e **111** foi examinado, resultando nos seus complexos [PdCl2(**104**)]2 (**112**), [PtCl2(**104**)2] (**113**), [HgBr2(**104**)] (**114**), [PdCl2(**111**)]2 (**115**), [PtCl2(**111**)2] (**116**), [PdCl3(**111**)2] (**117**) e verificou-se que dão espectros de RMN[1] H e[13] C característicos. Os (**112**) e (**113**) são metalomacrociclos de 20 membros com Pd/Pt numa matriz quadrada planar. Os cristais de (**112**) e (**113**) têm clorofórmio e benzeno, respetivamente, na rede. Os comprimentos das ligações Pd-Te e Pd-N em (**112**) são 2,530 (1)/2,5313 (9) e 2,097 (4) e 2,101(4) respetivamente[158].

111

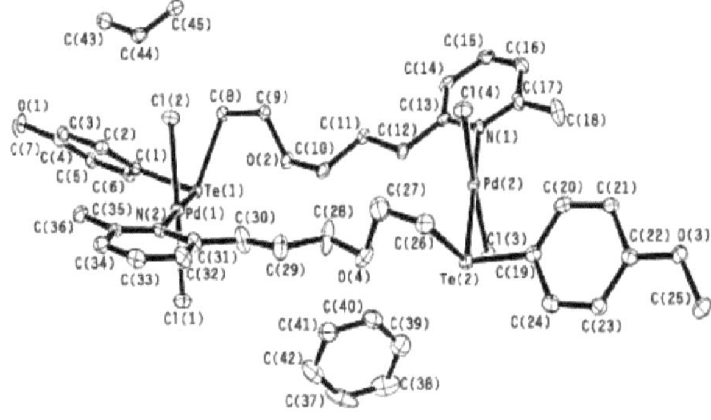

112

Singh e colaboradores[159] sintetizaram bases de Schiff selenadas 2-HO-$C_6H_4C(CH_3)=N(CH_2)nSePh$ (n=2, (**118**); n=3, (**119**)) utilizando n-(fenilseleno) alquilamina e o-hidroxiacetofenona e os seus complexos com [Pd(**118**-H)Cl](**120**), [Pt(**118**-H)Cl](**121**), Pd(**119**-H)Cl](**122**) e [Pt(**119**)$_{Cl2}$](**123**). No espetro[77] Se{^{1}H}NMR de (**121**) o sinal a δ387,4 ppm aparece como tripleto devido ao acoplamento[1] J(^{195}Pt-Se) (2034 Hz). Em (**118**) e (**119**), os ângulos de ligação C-Se-C foram encontrados em torno de 99° . Os complexos (**120**) e (**121**) são os primeiros exemplos de estruturas cristalinas de complexos de Pd e Pt de um ligando (Se, N, O⁻). São isomorfos e a geometria em torno de Pd e Pt é quadrada planar. As distâncias de ligação Pd-Se e Pt-Se são 2,3669(11) e 2,3543(16)Λ, respetivamente.

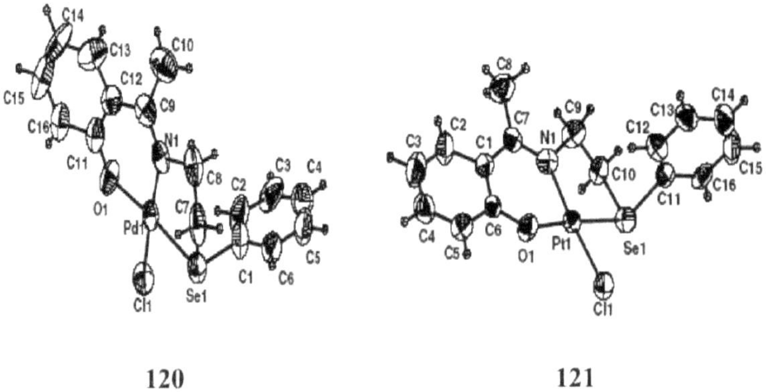

120   **121**

O complexo (**120**) foi explorado como catalisador homogéneo para uma reação de

36

acoplamento C-C do tipo Heck entre acrilato de metilo e *p-iodonitrobenzeno* e o rendimento é de ~80%. O tempo necessário para completar a reação é de apenas 14h, inferior ao do complexo de Pd(II) de um ligando Se- bidentado recentemente descrito (20-90 h) a uma temperatura de reação semelhante[160] .

O mesmo grupo preparou bases de Schiff de 2-hidroxibenzofenona (HBP) (C6H5)(2OHC6H4)C=N(CH2)nEAr

E = S, R = H (**124**)
E = Se, R = H (**126**)
E = Te, R = OMe (**128**)

E = S, R = H (**125**)
E = Se, R = H (**127**)
E = Te, R = OMe (**129**)

Os seus complexos [PdCl(L-H)](L=124-129:**130-132,134,136,140**), [PtCl(**126-H/128-H**)] (**133/137**), [PtCl2(**127/129**)2] (**135/141**), [(p-cymene)RuCl(**128/129**)]Cl (**138/142**) e [HgBr2(**128/129**)2] (**139/143**) foram também sintetizados e caracterizados por[1] H,[13] C,[77] Se,[125] Te NMR, IR e espectros de massa. A estrutura monocristalina de **124, 130, 132-134** e **136** também foi resolvida.

As reacções de Heck e Suzuki foram realizadas utilizando os complexos **130, 132, 134** e **136** como catalisadores em condições aeróbias[161] .

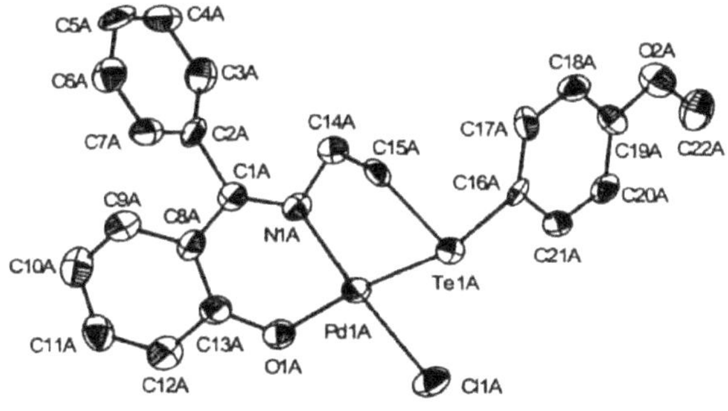

136

Foram sintetizados três novos ligandos organocalcogénios tridentados à base de piridina, nomeadamente 2,6-bis(1-metilimidazole-2-tiona) piridina (Bmtp) (**144**), 2,6-bis(1-isopropilimidazole-2-tiona) piridina (Bptp) (**145**) e 2,6-bis(1-ter-butilimidazole-2-tiona) piridina (Bbtp) (**146**). Enquanto a reação de [Cp*M(μ-Cl)Cl]$_2$ (Cp*=η^5 -pentametil ciclopentadienilo, M = Ir, Rh) com estes ligandos resultou na formação de complexos em meia sanduíche [Cp*M(L)]Cl2 L = **144**; M = Ir(**147**), M = Rh(**148**) : L = **145**; M = Ir(**149**), M = Rh(**150**) : L = **146**; M = Ir(**151**), M = Rh(**152**). A análise de raios X de cristal único revela a natureza isoestrutural de **147,148**, **150** e **152**.

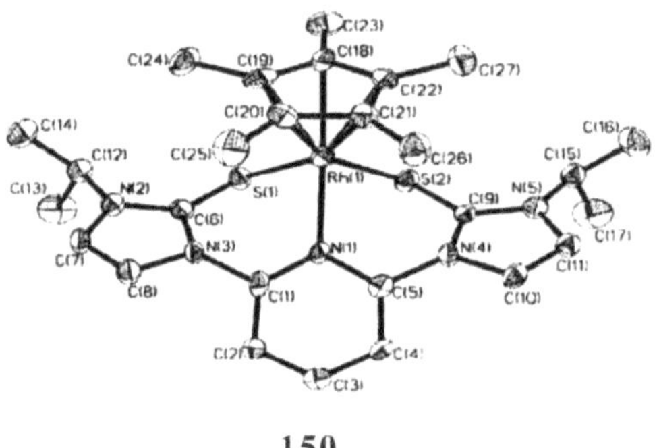

150

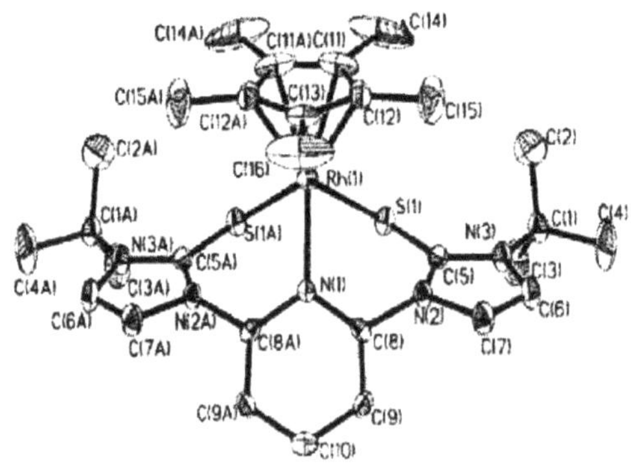

152

O anel Cp* serve como ligando de três coordenadas e os centros metálicos **147**, **148**, **150** e **152** existem na confirmação do banco de piano de três pernas com os dois anéis quelatos de seis membros e um anel quelato de dez membros formados pela coordenação dos ligandos organocalcogénios à base de piridina ao centro metálico[162] .

1.8. Referências

1. J.J. Berzelius, Acad. Hand. Estocolmo, 39 (**1818**) 13.

2. C.J. Lowig, Pogg. Ann., 37 (**1836**) 552.

3. F. Wohler, Ann. Chem., 35 (**1840**) 111.

4. F. Wohler e C. Sieman, Ann. Chem. Pharm., 61 (**1847**) 360.

5. B. Rathke, Ann. Chem., 152 (**1869**) 211.

6. P.N. Jones, D. Mundy e R.D. Whitehouse, Chem. Commun, (**1970**) 86.

7. R. Walter e J. Roy, J. Org. Chem., 36 (**1971**) 2561.

8. K.B. Sharpless e R.F. Lauer, J. Am. Chem. Soc., 95 (**1973**) 2697.

9. K.B. Sharpless, R.F. Lauer e A.Y. Teranishi, J. Am. Chem. Soc., 95 (**1973**) 6137.

10. D.H.R. Barton, N. Ozbolic e M Ramesh, Tet. Lett., 29 (**1988**) 3533.

11. N. Patragnani e J.V. Comasseto, Synthesis, (**1991**), 793 e 897.

12. R. Korenstein, W.F. Hoke, P.S. Lemonias, K.T. Higa e D.C. Haris, J. Appl. Phys., 62 (**1987**) 4929.

13. M.L. Steigerwald e C.R. Sprinkle, J. Am. Chem. Soc., 109 (**1987**) 7200.

14. D.C. Harris e R.W. Schwartlz, Matter Lett., 4 (**1986**) 136.

15. F.F. Knapp Jr., K.R. Ambrose e A.P. Callohan, J. Nucl. Med., 21 (**1980**) 251.

16. Asahi Chemical Industry Company Ltd., patente japonesa, n.º 78, 65 (**1978**) 827; Chem Abst., 89 (**1978**) 146588.

17. H.J. Gysling, M. Lenental, M.G. Mason e J. L. Gesenger, J. Photogr. Sci., 28 (**1980**) 209.

18. J. Malmstrom, L. Enaman, M. Bellandander, K. Jaconsson, B. Stenberg e V. Lonnberg, J. Appl. Polym. Sci., 70 (**1998**) 449.

19. A. Albeck, H. Wiemann, B. Sreedni e M. Albeck, Inorg. Chem., 37 (**1998**) 1704.

20. A.E. Okoronkwo, B. Godoi, R.F. Schumacher, J.S Santos neto, C. Luchese, M. Prigol, C.W. Nogueira e G. Zeni, Tet. Lett., 50 (**2009**) 909.

21. "Rare metals", J. de Ment, H.C. Dake, E.R. Roberts e R.C. Williams, 211 (**1949**).

22. R. Cunha e S. Giorgio, Korean J. Parasitol, 47(3) (**2009**) 213.

23. C. Francavilla, F.V. Bright e M.R. Detty, Org. Lett., 7 (**1999**) 1043.

24. W. Hirpo, S. Dhingra, A.C. Sutorik e M.G. Kanatzidis, J. Am. Chem. Soc., 115 (**1993**) 1597.

25. A.C. Jones, Chem. Soc. Rev., (**1997**) 101.

26. S.L. Stoll e A.R. Barron, Chem. Mater., 10 (**1998**) 650.

27. M.A. Malik, P.O. Brien e D.J. Otway, Phosphorus Sulfur Silicon, 136-138 (**1998**) 431.

28. J.M. Williams, J.R. Ferraro, R.J. Thorn, K.D. Carson, U. Geiser, H.H. Wang, A.M. Kini e M.-H. Whangbo, "Organic Superconductors (including Fullerenes)" Prentice Hall; New Jersey, (**1992**).

29. J.P. Farges, "Organic Conductors Fundamentals and Applications", Marcel Dekker, Inc., NY, (**1994**).

30. R.A. Clark, A.E. Underhill, R. Friend, M. Allen, I. Marsben, A. Kobayashi e H. Kobayashi, "Physics and Chemistry of Organic Superconductors", Vol. 51, G. Saito e S. Kagoshima (Eds.), Springer Verlag, Berlim, (**1990**) 28-31.

31. S. Khan, J.D. Singh, R.K. Mahajan e P. Sood, Tet. Lett., 48 (**2007**) 3605.

32. J.D. Singh, M. Maheshwari, S. Khan e R.J. Butcher, Tet. Lett., 49 (**2008**) 117.

33. Y.J. Lee, D. Seo, J.Y. Kwon, G. Son, M.S. Park , Y.H. Choi, J.H. Soh, H.N Lee, K.D. Lee e J. Yoon, Tetrahedron, 62 (**2006**) 12340.

34. S.P. Anthony e J.K. Kim, Chem. Commun, (**2008**) 1193.

35. J.E. McDoonough, A. Mendiratta, J.J. Curley, G.C. Fortman, S. Fantasia, C.C. Cummins, E.V. Rybak-Akimova, S.P. Nolan e C.D. Hoff, Inorg. Chem., 47(6)

(**2008**) 2133.

36. G. H. Chan, C. Lee, D. Dai, M.H. Whangbo e J.A. Ibers, Inorg. Chem., 47(5) (**2008**) 1687.

37. M. Nazari e B. Movassagh, Tet.Lett., 50 (**2009**) 438.

38. S. Mishra, E. Jeanneau e S. Daniele, Polyhedron, 29 (**2010**) 500.

39. D.L. Klayman e W.W.H. Gunther (Eds.), "Organic Selenium Compounds Their Chemistry and Biology", John Wiley & Sons, NY, (**1973**).

40. R.A. Zingaro e W.C. Cooper (Eds.), "Selenium", Van Nostrand-Reinhold, NY, (**1974**).

41. K.J. Irgolic, "The Organic Chemistry of Tellurium", Gordon and Breach, NY, (**1974**).

42. H.J. Gysling, Coord. Chem. Rev., 42 (**1982**) 133.

43. H.J. Gysling, "The Chemistry of Organic Selenium and Tellurium Compounds", S. Patai e Z. Rappoport (Eds.), John Wiley & Sons, NY, (**1986**) 679.

44. S.G. Murray e F.R. Hartley, Chem. Rev., 81 (**1981**) 365.

45. A. Panda, G. Mugesh, H.B. Singh e R.J. Butcher, Phosphorus Sulfur Silicon, 171 (**2001**) 187 e respectivas referências.

46. F.J. Berry, "Comprehensive Coordination Chemistry", G. Wilkinson, R.D. Gillard e J.A. Mc Cleverty (Eds.), Pergamon, Oxford (**1987**) 668.

47. G. Fragale, S. Huptli, M. Leuenberger e T. Wirth, "New Aspects in Bioorganic Chemistry", U. Diederichsen, T.K. Lindhorst, L. Wessjohann, B. Westermann (Eds.), VCH, Weinheim (**1999**) 48.

48. R.F. Burk (Ed.), "Selenium in Biology and Human Health", SpringerVerlag; NY, **1994**.

49. G. Mugesh, A. Panda, H.B. Singh, N.S. Punekar, R.J. Butcher, J. Am. Chem. Soc., 123 (**2001**) 839.

50. I. Erdelmeier, C.T. Lomont e J. C. Yadan, J. Org. Chem., 65 (**2000**) 8152.

51. H. Xu e K. Huang, "Chemistry and Biochemistry of Selenium and its Applications in Life Sciences", Huazhong University of Science and Technology Press, Wuhan, (**1994**).

52. A. L. Braga, W. A. Severofilho, R. S. Schwab, O. E. D. Rodrigues, L. Dornelles, H. C. Braga e D. S. Ludtke, Tet.Lett., 50 (**2009**) 3005.

53. M. Iwaoka e S. Tomada, J. Am. Chem. Soc., 118 (**1996**) 8077.

54. R. Wu, G. Hernandez, J.D. Odom, R.B. Dunlap e L.A. Silks, Chem. Commun, (**1996**) 1125.

55. R. Michalcyzk, J.G. Schmidt, E. Moody, Z. Li, R. Wu, R.B. Dunlap, J.D. Odom e L.A. "Pete" Silks III, Angew. Chem. Int. Ed., 39 (**2000**) 3067.

56. O. Niyomun, S. Kato e S. Inagaki, J. Am. Chem. Soc., 122 (**2000**) 2132.

57. N. Sudha e H.B. Singh, Coord. Chem. Rev., 135/136 (**1994**) 469.

58. M.G. Newton, R.B. King, I. Haiduc e A. Silvestru, Inorg. Chem., 32 (**1993**) 3795.

59. J.R. Black, N.R. Champness, W. Levason e G. Reid, Inorg. Chem., 35 (**1996**) 4432.

60. J.Y.C. Chu, D.G. Marsh e W.H.H. Gunther, J. Am. Chem. Soc., 97 (**1975**) 4905.

61. D.L.J. Clive, W.A. Kiel, S.M. Menchen, A. Singh e N.J. Curtis, J. Am. Chem. Soc., 102 (**1980**) 4438.

62. H.K. Spencer, M.V. Lakshmikantham e M.P. Cava, J. Am. Chem. Soc., 99 (**1977**) 1470.

63. R. Oilunkakiemi, R.S. Laitinen e M. Ahlgren, J. Organomet. Chem., 623 (**2001**) 168.

64. J. Connolly, A.R. Genge, W. Levason, S.D. Orchard, S.J.A. Pope e G. Reid, J. Chem. Soc. Dalton Trans., (**1999**) 2343.

65. W. Levason, S.D. Orchard e G. Reid, Chem. Commun, (**1999**) 1071.

66. W. Levason, S.D. Orchard e G. Reid, Inorg. Chem., 39 (**2000**) 3853.

67. W. Levason, S.D. Orchard, G. Reid e J.M. Street, J. Chem. Soc. Dalton Trans., (**2000**) 2537.

68. W. Levason, S.D. Orchard e G. Reid, Chem. Commun, (**1999**) 823.

69. A.J. Barton, W. Levason, G. Reid e A.J. Ward, Organometallics, 22 (**2001**) 3644.

70. A.J. Barton, J. Connolly, W. Levason, A. Media-Jalon, S.D. Orchard e G. Reid, Polyhedron, 19 (**2000**) 1373.

71. W. Levason, S.D. Orchard e G. Reid, J. Chem. Soc. Dalton Trans., (**2000**) 4551.

72. A.F. Chiffey, J. Evans e W. Levason, Polyhedron, 15 (**1996**) 1309.

73. A.J. Barton, N.J. Hill, W. Levason e G. Reid, J. Chem. Soc. Dalton Trans., (**2001**) 1621.

74. A.J. Barton, A.R.J. Genge, W. Levason e G. Reid, J. Chem. Soc. Dalton Trans., (**2000**) 859.

75. W. Levason, B. Patel, G. Reid, V.-A. Tolhurst e M. Webster, J. Chem. Soc. Dalton Trans., (**2000**) 3001.

76. A.J. Barton, W. Levason e G. Reid, J. Organomet. Chem., 579 (**1999**) 235.

77. J. Connolly, M.K. Davies e G. Reid, J. Chem. Soc. Dalton Trans., (**1998**) 3833.

78. N.R. Champness, W. Levason, S.R. Preece e M. Webster, Polyhedron, 13 (**1994**) 881.

79. A.J. Barton, W. Levason, G. Reid e V.-A. Tolhurst, Polyhedron, 19 (**2000**) 235.

80. M.K. Davies, W. Levason e G. Reid, J. Chem. Soc. Dalton Trans., (**1998**) 2185.

81. N.R. Champness, P.F. Kelly, W. Levason, G. Reid, A.M.Z. Slawin e D.J. Williams, Inorg. Chem., 34 (**1995**) 651.

82. N.R. Champness, W. Levason, J.J. Quirk, G. Reid e C.S. Frampton, Polyhedron, 14 (**1995**) 2753.

83. R.J. Black e W. Levason, J. Coord. Chem., 37 (**1996**) 315.

84. J.R. Black, N.R. Champness, W. Levason e G. Reid, J. Chem. Soc. Dalton Trans., (**1995**) 3439.

85. A.J. Barton, N.J. Hill, W. Levason, B. Patel e G. Reid, Chem. Commun, (**2001**) 95.

86. A.R.J. Genge, W. Levason e G. Reid, J. Chem. Soc. Dalton Trans., (**1997**) 4549.

87. S.E. Dann, A.R.J. Genge, W. Levason e G. Reid, J. Chem. Soc. Dalton Trans., (**1997**) 2207.

88. A.R.J. Genge, W. Levason e G. Reid, Phosphorous Sulfur Silicon, 150151 (**1999**) 99.

89. L. Latos-Grazynski, E. Pacholska, P.J. Chmielewiski, M.M. Olmstead e A.L. Bach, Angew. Chem. Int. Ed., 34 (**1995**) 2252.

90. Y. Takaguchi, E. Horn e N. Furakawa, Organometallics, 15 (**1996**) 5112.

91. S.C. Menon, H.B. Singh, R.P. Patel, S.K. Kulshreshtha e R.J. Butcher, J. Chem. Soc. Dalton Trans., (**1996**) 1203.

92. S.C. Menon, A. Panda, H.B. Singh e R.J. Butcher, Chem. Commun, (**2000**) 143.

93. A.K. Singh e V. Srivastava, J. Coord. Chem., 27 (**1992**) 237.

94. E.G. Hope e W. Levason, Coord. Chem. Rev., 122 (**1993**) 109.

95. W. Levason, S.D. Orchard e G. Reid, Coord. Chem. Rev., 225 (**2002**) 159.

96. A.K. Singh, Proc. Ind. Acad. Sci. (Chem. Sci.), 114 (**2002**) 357.

97. T. Morgan e F.H. Burstall, J. Chem. Soc., (**1931**) 180.

98. I.D. Sadekov, G.M. Abakarov, V.B. Panov, L.U. Ukhin, A.D. Garnovskii e V.I. Minkin, Khim. Geterotskl Soedi, 7 (**1985**) 757.

99. I.D. Sadekov, A.A. Ladatko e V.I. Minkin, Khim. Geterotskl Soedi, 10 (**1988**) 1342.

100. P.K. Khanna e H.B. Singh, Trans. Met. Chem., 16 (**1991**) 311.

101. T. Kemmitt, W. Levason, R.D. Oldroyd e M. Webster, Polyhedron, 11 (**1992**)

2165.

102. W. Levason, G. Reid e V.A. Tolhurst, J. Chem. Soc. Dalton Trans., (**1998**) 3411.

103. W.F. Liaw, M.H. Chiang, C.H. Lai, S.J. Chiou, G.H. Lee e S.M. Peng, Inorg. Chem., 33 (**1994**) 2493.

104. G. Thaler, K. Wurst e F. Sladky, Organometallics, 15 (**1996**) 4639.

105. P. Braunstein, J. Rose, D. Toussaint, S. Jaaskelainen, M. Ahlgren, T.A. Pakkaneu, J. Pursiaimen, L. Toupet e D. Grandjean, Organometallics, 13 (**1994**) 2472.

106. R. Oilunkaniemi, R.S. Laitenen e M. Ahlgren, Inorg. Chem. Commun., 3 (**2000**) 8.

107. S.D. Apte, S.S. Zade, H.B. Singh e R.J. Butcher, Organometallics, 22 (**2003**) 5473.

108. Y. Torubaev, A. Pasynskii e P. Mathur, J. Organomet. Chem., 694 (**2009**) 1781.

109. L. Vigo, M. J. Poropudas, P. Salin, R. Oilunkaniemi e R.S. Laitinen, J. Organomet. Chem., 694 (**2009**) 2053.

110. D.J. Gulliver, E.G. Hope, W. Levason, S.G. Murray e G.L. Marshall, J. Chem. Soc. Dalton Trans., (**1985**) 1265.

111. T . Kemmitt, W. Levason e M. Webster, Inorg. Chem., 28 (**1989**) 692.

112. W. Levason, B. Patel, G. Reid e A.J. Ward, J. Organomet. Chem., 619 (**2001**) 218.

113. W. Levason, S.D. Orchard e G. Reid, Organometallics, 18 (**1999**) 1275.

114. G. Hope, T. Kemmitt e W. Levason, J. Chem. Soc. Perkin Trans., 2 (**1987**) 487.

115. J.M. Hesford, J.N. Hill, W. Levason e G. Reid, J. Organomet. Chem., 689 (**2004**) 1006.

116. T. Kemmitt e W. Levason, Organometallics, 8 (**1989**) 1303.

117. T. Kemmitt, W. Levason, M.D. Spicer e M. Webster, Organometallics, 9 (**1990**) 1181.

118. C.O. Kienitz, C. Thone e P.G. Jones, Inorg. Chem., 35 (**1996**) 1303.

119. R. Rossi, L. Marvelli, A. Marchi, L. Magen, V. Bertolasi e V. Ferretti, J. Chem. Soc. Dalton Trans., (**1996**) 1283.

120. P. Bhattacharya, A.M.Z. Slawin, M.B. Smith e J.D. Woolins, Inorg. Chem., 35 (**1996**) 3675.

121. D.J. Birdsall, J. Green, T.Q. Ly, J. Novasad, M. Necas, A.M.Z. Slawin, J.D. Woolins e Z. Zak, Eur. J. Inorg. Chem., (**1999**) 1445.

122. Q.-F. Zhang, H. Zheng, W.-Y. Wong, W.-T. Wong e W.-H. Leung, Inorg. Chem., 39 (**2000**) 5255.

123. H.J. Gysling e H.R. Luss, Organometálicos, 3 (**1984**) 596.

124. A.K. Singh, V. Srivastava e B.L. Khandelwal, Polyhedron, 9 (**1990**) 495.

125. B.L. Khandelwal e K. Uppal, Polyhedron, 11 (**1992**) 1755; Indian J. Chem., 32A (**1993**) 39.

126. A.K. Singh, V. Srivastava, S.K. Dhingra, J.E. Drake e J.H.E. Bailey, Ata Cryst., C48 (**1992**), 655.

127. A. Khalid, B.L. Khandelwal, A.K. Singh, T.P. Singh e B. Padmanabhan, J. Coord. Chem., 31 (**1994**) 19.

128. A. Khalid e A.K. Singh, J. Coord. Chem., 39 (**1996**) 313.

129. H.B. Singh, N. Sudha, A.A. West e T.A. Hamor, J. Chem. Soc. Dalton Trans., (**1990**) 907.

130. P.R. Kumar, S. Upreti e A.K. Singh, Inorg. Chim. Ata, 361 (**2008**) 1426.

131. A.K. Singh e V. Srivastava, Phosphorus Sulfur Silicon, 47 (**1990**) 471.

132. V. Srivastava, R. Batheja e A.K. Singh, J. Organomet. Chem., 484 (**1994**) 93.

133. V.K. Jain, S. Chaudhury e R. Bohra, Polyhedron, 12 (**1993**) 2377.

134. S. Thomas, B.L. Khandelwal e A.K. Singh, Phosphorus Sulfur Silicon, 126 (**1997**) 291.

135. A.K. Singh, S. Thomas e B.L. Khandelwal, J. Coord. Chem., 21 (**1990**) 71.

136. A.K. Singh e S. Thomas, Polyhedron, 10 (**1991**) 2065.

137. R. Batheja, S. Katiyar, V. Singh e A.K. Singh, Polyhedron, 13 (**1994**) 777.

138. A.K. Singh, S. Thomas e B.L. Khandelwal, Polyhedron, 10 (**1991**) 2693.

139. R. Batheja e A.K. Singh, Polyhedron, 16 (**1997**) 2509.

140. F.F. Knapp Jr., K.R. Ambrose e A.P. Callohan, J. Nucl. Med., 21 (**1980**) 251.

141. R.C. Jones, A.J. Canty, M.G. Gardenei, B.W. Skelton, V.A. Tolhurst e A.H. White, Inorg. Chim. Ata, 363 (**2010**) 77.

142. A. Sousa-Pedrares, M.L. Duran-Carril, J. Romero, J. A. Garcia Vazquez, A. Sousa, Inorg. Chim. Ata, 363 (**2010**) 1212.

143. P. Singh, M. Singh e A.K. Singh, J. Organomet. Chem., 694 (**2009**) 3872.

144. R. Kaur, H.B. Singh e R.J. Butcher, Organometallics, 14 (**1995**) 4755.

145. A. Khalid e A.K. Singh, Polyhedron, 16 (**1997**) 33.

146. A.K. Singh, V. Srivastava e B.L. Khandelwal, Polyhedron, 9 (**1990**) 851.

147. A.K. Singh e V. Srivastava, J. Coord. Chem., 21 (**1990**) 39.

148. A. Khanna e B.L. Khandelwal, Indian J. Chem, 35 (**1996**) 236.

149. A.K. Singh, M. Kadarkaraismy, G.S. Murthy, J. Srinivasa, B. Varghese e R.J. Butcher, J. Organomet. Chem., 605 (**2000**) 39.

150. A.K. Singh, J. Sooriyakumar, H. Husebye e K.W. Tornroos, J. Organomet. Chem., 612 (**2000**) 46.

151. A.K. Singh, J. Sooriyakumar e R.J. Butcher, Inorg. Chim. Ata, 312 (**2001**) 163.

152. A.K. Singh, J. Sooriyakumar, J.E. Drake, M.B. Hursthouse e M.E. Light, J. Organomet. Chem., 613 (**2000**) 244.

153. A.K. Singh, M. Kodarkaraisamy, M. Mishra, J. Sooriyakumar, J.E. Drake, M.B. Hursthouse, M.E. Light e J.P. Jasinski, Inorg. Chim. Ata, 320 (**2001**) 133.

154. W. Levason, S.D. Orchard, G. Reid e V.A. Tolhurst, J. Chem. Soc. Dalton Trans., (**1999**) 2071.

155. M.D. Milton, S. Khan, J.D. Singh, V. Mishra e B.L. Khandelwal, Tet. Lett., 46 (**2005**) 755.

156. S. Dey, V.K. Jain, B. Varghese, T. Schurr, M. Niemeyer, W. Kaim e R.J. Butcher, Inorg. Chim. Ata, 359 (**2006**)1449.

157. G. Singh, S. Bali, A.K. Singh, J.E. Drake, C.L.B Macdonald, M.B. Hursthouse e M.E. Little, Inorg. Chim. Ata, 358 (**2005**) 912.

158. S.Bali, A.K. Singh, J.E. Drake e M.E. Light, Polyhedron, 25 (**2006**) 1033.

159. A. Kumar, M. Agarwal e A.K. Singh, Polyhedron, 27 (**2008**) 485.

160. Q. Yao, E.P. Kinney e C. Zhang, Org. Lett., 6 (**2004**) 2997.

161. A. Kumar, M. Agarwal, A.K. Singh e R.J. Butcher, Inorg. Chim. Ata, 362 (**2009**) 3208.

162. W-G. Jia, Y-B. Huang e G-X. Jin, J. Organomet. Chem., 694 (**2009**) 4008.

I want morebooks!

Buy your books fast and straightforward online - at one of world's fastest growing online book stores! Environmentally sound due to Print-on-Demand technologies.

Buy your books online at
www.morebooks.shop

Compre os seus livros mais rápido e diretamente na internet, em uma das livrarias on-line com o maior crescimento no mundo! Produção que protege o meio ambiente através das tecnologias de impressão sob demanda.

Compre os seus livros on-line em
www.morebooks.shop

Printed by Books on Demand GmbH, Norderstedt / Germany